山洪灾害
预警预报技术

任波　李卫平　黄立志　著

中国水利水电出版社
www.waterpub.com.cn
·北京·

内 容 提 要

本书介绍了山洪灾害预警预报技术。全书共分为6章，主要内容包括山洪灾害及山洪预警预报，临界雨量的计算方法概述，流域模型反推法确定雨量预警指标，水位预警指标的确定，预警指标确定案例分析以及山洪灾害预报模型。

本书可供水文、水利、资源等相关专业的研究生、本科生及从事相关专业的科研、教学和工程技术人员参考。

图书在版编目（CIP）数据

山洪灾害预警预报技术 / 任波，李卫平，黄立志著
. -- 北京 : 中国水利水电出版社，2018.8
ISBN 978-7-5170-6769-6

Ⅰ. ①山… Ⅱ. ①任… ②李… ③黄… Ⅲ. ①山洪—灾害防治 Ⅳ. ①P426.616

中国版本图书馆CIP数据核字(2018)第197412号

书 名	**山洪灾害预警预报技术** SHANHONG ZAIHAI YUJING YUBAO JISHU
作 者	任 波 李卫平 黄立志 著
出版发行	中国水利水电出版社 （北京市海淀区玉渊潭南路1号D座 100038） 网址：www.waterpub.com.cn E-mail：sales@waterpub.com.cn 电话：（010）68367658（营销中心）
经 售	北京科水图书销售中心（零售） 电话：（010）88383994、63202643、68545874 全国各地新华书店和相关出版物销售网点
排 版	中国水利水电出版社微机排版中心
印 刷	天津嘉恒印务有限公司
规 格	184mm×260mm 16开本 9.25印张 214千字
版 次	2018年8月第1版 2018年8月第1次印刷
印 数	0001—1000册
定 价	**48.00**元

前　言

山洪灾害是指山丘区由于降水而引发自然灾害的一类灾害的表现形式，在有些条件下可能伴随泥石流与滑坡发生。在山丘区由于水库坝体或河流堤防溃决、冰湖溃决等因素突然诱发的洪水也称作山洪。山洪主要受到地质地貌、水文气象、人类社会活动等诸多因素的综合影响。山洪的规模和灾害的严重程度取决于降雨强度、降雨量、降雨历时、河流及其流域前期条件，流域前期条件包括冰雪覆盖情况、土壤特性及湿度、城镇化规模、已建堤防、拦挡坝或水库情况。更为严重的是，人们在河漫滩居住，又缺乏完善的应急计划，必然会增加山洪潜在的破坏性。21世纪我国以及全世界山洪灾害更加突出，造成的生命和经济损失十分惨痛。山洪常常伴随泥石流，特别严重的案例是2010年8月8日甘肃省舟曲县的特大山洪泥石流灾害，造成1467人遇难和298人失踪。山洪灾害与极端降雨、地表脆弱和经济发展模式的关系密切。

我国地貌类型复杂多样，且以山地高原为主。广义的山丘区包括山地、丘陵和比较崎岖的高原，约占全国陆地面积的2/3。我国主要处于东亚季风区，暴雨频发，地质地貌复杂，加之人类活动的影响，导致山洪灾害频发，是世界上山洪灾害最严重的国家之一。山洪灾害不仅对我国山丘区的基础设施造成毁灭性破坏，而且对人民群众的生命安全构成极大的损害与威胁，已经成为山丘区经济社会可持续发展的重要制约因素之一。20世纪50年代以来，山洪灾害每年都造成数以百计的人员伤亡，是我国自然灾害造成人员伤亡的主要灾种之一。据1950—1990年资料分析，全国洪涝灾害死亡人数中，山丘区占67.4%；1997年全国山洪灾害造成的死亡人数占当年洪涝灾害总死亡人数的69%；1998年因长江大洪水受灾严重的湖南、湖北、江西和安徽四省的死亡人员，大部分死于山洪灾害。

中华人民共和国成立以来，我国山丘区建成了一大批防治山洪灾害的工程设施，但这些工程大都修建于20世纪60、70年代，建设标准不高，工程配套不完善、老化失修严重，病险工程不断增多。由于缺乏对山洪灾害防治的宣传和系统研究，人们主动防灾避灾意识不强，以至于在河道边、山洪出口一带建住房、搞开发，不断侵占河道，乱弃、乱建、乱挖使河道不断淤塞，泄洪能力严重萎缩，进一步加剧了山洪灾害的发生和损失。散布于山丘区的中小城镇和居民点，多位于平川谷地，防洪工程标准低、质量差，有的甚至处于无设防状态，一旦山洪暴发，防不胜防。总体而言，目前我国防御山洪灾害能力十分薄弱。进入21世纪，国务院明确指出："山洪灾害频发，造成损失巨大，已成为防灾减灾工作中的一个突出问题。必须把防治山洪灾害摆在重要位置，认真总结经验教训，研究山洪发生的特点和规律，采取综合防治对策，最大限度地减少灾害损失。"

为了保障山丘区人民生命财产安全，实现我国经济社会的全面发展，水利部会同国土资源部、国家气象局、住房和城乡建设部、原国家环保总局联合成立了全国山洪灾害防治规划领导小组、领导小组办公室和规划编写组。全国山洪灾害防治规划的编制分三个阶段：第一阶段由全国规划编写组统一编制全国山洪灾害防治规划任务书及技术大纲；第二阶段由有山洪灾害防治任务的各省（自治区、直辖市）根据任务书及技术大纲的要求，在全国规划编写组的指导下，开展山洪灾害现状调查，研究山洪灾害的成因、特点及分布规律，按照点面结合的工作思路，编制完成本地区的山洪灾害防治规划；第三阶段是全国规划编写组分析、综合、汇总各地山洪灾害防治规划，编制完成《全国山洪灾害防治规划》。

本书共6章，第1章介绍山洪灾害及山洪预警预报，包括山洪灾害及山洪预警概述、雨量预警介绍、水位预警介绍；第2章为临界雨量的计算方法概述，包括典型区域临界雨量计算、无资料区域临界雨量计算、几种常见的临界雨量理论计算方法、计算方法评估；第3章介绍了用流域模型反推法确定雨量预警指标，主要为设计暴雨计算过程、产流计算过程、汇流计算过程、成灾水位及成灾流量、预警时段与土壤持水度、流域模型反推法计算临界雨量、综合确定预警指标、合理性分析；第4章为水位预警指标的确定，包括水位预警指标、临界水位的计算步骤、综合确定预警指标；第5章主要为案例分析，包括区域概况，成灾流量及成灾频率计算、临界雨量计算、临界水位计算、综合确定预警指标；第6章是本书的重点，比较详细地列举了山洪灾害预报模型，包括新安江模型、水箱模型、HBV模型、萨克拉门托模型、回归模型、人工神经网络模型、模糊数学方法、灰色系统模型、非线性时间序列分析模型等。

本书以山西省某小流域为研究区域，山西省由于地处黄土高原的东翼且地形种类各式各样，主要包括山地、高原、丘陵、等类别，因此导致山洪灾害时有发生，对其社会经济以及人民生命财产安全构成严重威胁。以沿河村落为计算单元，在实测调查研究区域的历史山洪、地形地貌和河流水系等数据的基础之上，根据本地区现阶段山洪防治状况，结合《山洪灾害分析评价方法指南》

《山西省水文计算手册》和《山西省典型小流域山洪灾害预警指标研究》理论方法和技术研究的指导，采用流域水文模型法以及“同频推同频”法分别建立山洪灾害雨量预警的模型和山洪灾害水位预警的模型。

雨量预警指标的确定主要是采用流域水文模型法，针对研究区域临界雨量的计算。根据设计暴雨计算设计洪水，采用双曲线正切的产流模型以及单位线流域的汇流模型，对小流域沿河村落进行产汇流模型分析计算，得出其各时段降雨洪峰流量；结合小流域沿河村落的成灾流量，依据不同的前期持水度，推导出各典型时段下小流域沿河村落临界雨量。按照预警等级划分规定，综合确定山洪灾害雨量预警的指标，最终建立山洪灾害雨量预警指标计算的模型。

水位预警指标的确定主要是采用“同频推同频”法，结合分析一定距离内小流域沿河村落上游的水位站水位，将该水位站水位用作山洪灾害预警指标的方式。根据小流域沿河村落控制断面成灾流量对应的成灾水位，推算位于上游水位站相应的水位，作为预警临界水位。按照预警等级划分规定，综合建立山洪灾害水位预警的指标计算模型。

雨量预警模型以及水位预警模型的建立，不仅促进了更好地发挥山洪灾害监测预报系统的作用，而且通过直接应用于山西省山洪调查评价工作中，为山西省山洪防治工作提供了准确的理论指导和科学依据，增强了山西省山洪预警的理论基础和技术研究。有利于协助防灾减灾工作人员决策的制定与实现，为山西省整体社会的和谐以及人民生命财产的安全提供了坚实的保障。

本书由大同市山洪灾害分析与评价工作小组策划，由大同市水文水资源勘测分局任波、黄立志以及内蒙古科技大学李卫平执笔。其中任波参与了第1章的撰写工作，黄立志参与了第2章的撰写工作，敬双怡参与了第3章的撰写工作，莘明亮参与了第4章的撰写工作，齐璐参与了第6章的撰写工作，齐璐、郝梦影、王智超共同参与撰写了第5章的编写工作。感谢陈阿辉、王晓云、王非、贾晓硕、李岩、崔亚楠、王铭浩、唐若凯、隋季斌、王泽君、原浩、于治豪、吕雁翔、李美玲在专著撰写过程中的大力协助。

本书在编写过程中得到了多方面的大力支持，在此，向所有支持本书出版的同行专家和朋友一并表示深切的谢意。

鉴于我们水平有限，经验不足，不免在许多方面存在疏漏，热诚希望读者提出宝贵意见。

作　者

2018年6月

目 录

第1章　山洪灾害及山洪预警预报

1.1　概述

1.1.1　山洪灾害的概念与形成

山洪灾害是指暴雨在山丘地区引起的地面径流暴涨暴落，威胁沿河村落居民生命及财产安全的一种自然灾害，包括溪河洪水、泥石流、滑坡等灾害。本书所研究的山洪灾害预警技术只针对溪河洪水引发的山洪灾害，对滑坡、泥石流等所引发的山洪灾害暂不做研究。山洪与平原地区发生的洪水不同，它特指短历时强降雨引起的山丘区小溪沟水量暴涨的现象，山洪汇流时间较短，一般只有几分钟或几小时，但山洪发生区下垫面透水能力弱，坡降陡，因此山洪水量较为集中，流速较大，破坏力也极大，对道路、桥梁、房屋、农田、堤坝及水库都有极大危害。

我国许多学者对山洪灾害发生区的降雨情况、地质地貌特征、河网水系密度、防洪标准、河道情况及人类活动等方面进行了深入分析研究，最终认为山洪灾害主要是由以下3个方面因素所致。

(1) 复杂多样的地形地貌和稠密的河流水系为山洪灾害提供了孕育基础，这是引发山洪灾害的地理因子。形成山洪的地形特征往往是中高山区，相对高度差大，河谷坡度陡峻，切割深度大，侵蚀沟谷发育，表层为植皮覆盖有较厚的土体，土体下面为中深断裂及其派生级断裂切割的破碎岩石层。其地质大部分是渗透强度不大的土壤，如泥质岩、板页岩发育而成的抗蚀性较弱的土壤，遇水易软化、易崩解，极有利于强降雨后地表径流迅速汇集，一遇到较强的地表径流冲击，就会形成山洪灾害。

(2) 我国夏季经常爆发的短历时暴雨为山洪灾害提供了充沛的水源条件，这是造成山洪灾害的降雨因子。水体既是山洪泥石流的组成部分，又是激发因素，主要来自降雨。降雨激发山洪的原因：①前期降雨和一次连续降雨共同作用；②前期降雨和最大1h降雨量起主导激发作用。山顶土体含水量饱和，土体下面岩层裂隙中的压力水体压力剧增。当遇暴雨，能量迅速累积；致使原有土体平衡破坏，土体和岩层裂隙中的压力水体冲破表面覆盖层，瞬间从山体中上部倾泻而下，造成山洪和泥石流。山丘区不稳定的气候系统，往往造成持续或集中的高强度降雨。据统计，发生山洪灾害主要是由于受灾地区前期降雨持续偏多，这使得土壤水分饱和，地表松动，遇局地短时强降雨后，降雨迅速汇集成地表径流从而引发溪沟水位暴涨，可见，山洪灾害主要还是由持续的降雨和短时强降雨引发的。

(3) 人们缺乏防洪防灾的意识，滥垦滥伐，导致森林草地破坏及水土流失极其严重，各类工程措施与非工程措施建设不完善，如防洪堤坝拦蓄洪水能力低，山洪灾害预测手段落后，这是诱发山洪灾害的人为因素。人类活动所造成的山丘地区土地过度开发，陡坡开荒，乱砍滥伐森林，工程建设对山体造成破坏，这些改变地形、地貌，破坏天然植被，使山体失去水源涵养作用，均易引发山洪。

1.1.2 山洪的危害与防治

山洪冲毁房屋、田地、道路和桥梁，常造成人身伤亡和财产损失。例如，1977年7月29日，山西省运城市翟王山一带降特大暴雨（暴雨中心持续2h50min，降雨464mm），所有河沟山洪直泻，冲毁小型水库4座，民房坍塌5500间，死伤455人，南同蒲铁路停车42h。冲毁农田35000亩（1亩≈666.67m^2），冲走粮食75万kg，财产荡然无存，灾情十分严重。1988年8月6日，山西省汾阳县大暴雨形成边山河道洪水齐发，冲毁河堤，淹村庄96个，受灾3万余人，死亡50余人，水利设施40处均毁于洪水，全县损失近两亿元。

我国坐落于亚洲东南边陲，北方大部分区域春、秋、冬三季少雨，但夏季却有频发的暴雨。每年夏季，我国自南向北都会依次在不同区域出现暴雨，包括华南地区的早期暴雨，江淮一带的梅雨时期，华北与东北一带频发的夏季暴雨，以及夏季后期再次出现在华南一带的热带暴雨。我国人口占世界总人口的1/5以上，是一个人口大国，而生活在山丘地区的人口占全国总人口的1/3，可见我国山丘地区人口分布广泛。我国还是一个山丘地区面积广阔的国家，山丘地区不仅指山地，也包括丘陵和比较崎岖的高原，我国山丘地区面积占据了全国2/3的土地面积，远远超过了世界平均水平。近年来，山丘地区经济水平不断提高，成为我国社会经济重要的一部分。频发的暴雨、复杂多变的地形地貌、分布广泛的人口、不断发展的经济，这些因素使我国成为一个遭受山洪地质灾害严重的国家。据我国防汛抗旱总指挥部统计，我国29个省（自治区、直辖市），274个地级市，1836个县（区）具有山洪灾害防治任务，防治区面积达到463万km^2，受威胁人口达5.6亿，山洪灾害防治形势十分严峻。因此，自2006年起，由国务院及国家发展和改革委员会牵头，在全国范围内开展了山洪灾害防治项目。针对山洪灾害的防治要注意以下三点：

1. 明确防治工作目标

山洪防治工作的目标是：确保人员安全，确保水库大坝安全，确保重要城镇安全，确保重要交通干道和通信干线的安全，最大限度地减轻灾害损失，实现人与自然和谐相处。

2. 开展两项基础工作

要搞好山洪防治，实现工作目标，必须扎实开展好以下两项基础工作。

（1）合理划分山洪影响区域。针对各地的气候和地质及地貌条件，在认真分析历史山洪灾害造成危害的基础上，确定山洪易发区，做到胸中有数，这是山洪防治的首要工作。在此基础上再根据山洪灾害发生的可能性及危害性的程度大小，一般将山洪易发区划分为危险区和警戒区。

危险区是指已发生过滑坡、崩塌和泥石流的地区，以及河道两侧处于20年一遇洪水水位以下的低洼地带或洲滩；警戒区是指经监测一旦遇到强降雨时，极有可能发生山体滑坡、崩塌和泥石流的地区，以及河道两侧处于20年一遇洪水水位至历史最高洪水水位之间的地带。

（2）探索规律，科学确定灾害特征雨量。由于山洪是由降雨形成的，因此，科学确定山洪致灾的特征雨量是山洪防治，特别是制定山洪防御方案的关键依据。一般可根据当地下垫面条件和对历史山洪灾害形成及演变过程的分析，确定警戒雨量和危险雨量。

警戒雨量是指当一定时段降雨量达到某一特征值，且如果降雨仍继续，即有可能发生山洪灾害的雨量；危险雨量是指当一定时段降雨量达到某一特征值，即有可能发生山洪灾害时的雨量。特征雨量一般按 1h、2h、…、6h 来划分降雨时段，并分析确定出相应的特征雨量，具体划分和确定方法要根据当地实际情况选择。

3. 正确处理三对关系

（1）正确处理避灾与治理的关系。山洪及其灾害的突发性和破坏性，往往使人们防不胜防，措手不及，也极大地增加了治理难度。因此，必须坚持避治结合，避重于治的原则；必须坚持使人们远离山洪，主动避开灾害这一指导思想。在思想认识上要由单纯拒山洪于门外转变为使人们远离山洪，真正做到主动避灾，从根本上减轻灾害损失。与此同时，对治理任务相对较轻的地区，必须加大治理的力度。

（2）正确处理当前与长远的关系。山洪防治涉及面广，工作难度大，特别是山洪影响区内人口较多，要在短时间内实施避灾措施，全部外迁到安全地区的工作量十分巨大，也不现实。同时，山洪治理的任务十分繁重，是一项长期性工作，必须分步实施。因此，对这些地区当前必须采取以防为主，辅以相应治理措施的方针，当务之急是要落实好山洪防御方案，并根据防治规划，逐步实施避灾和治理措施。

（3）正确处理发展与保护的关系。要全面建设小康社会，发展是执政兴国的第一要务，工业化和城镇化进程必然日益加快，在此过程中，特别是在基础设施建设过程中，对山洪影响区采取相应的保护措施是十分必要的。首先是危险区、警戒区内不能规划居民区；其次是危险区内不能规划兴建企业及基础设施；最后企业及基础设施建设要尽量避开警戒区，如必须从警戒区经过或必须在其中建设时，除对企业和基础设施本身要采取山洪保护措施以外，还必须对企业或基础设施建设可能诱发的山洪灾害采取可靠的治理措施。

1.1.3 山洪灾害预警预报

1.1.3.1 国外预警指标研究进展

山洪灾害作为自然灾害的重要组成部分之一，已经给全世界各国的社会经济和人民生命财产安全造成影响。为此，从 20 世纪 70 年代起，世界各国都结合本国的实际情况对山洪灾害预警方法做出许多研究，并且成果显著。世界气象组织（World Meteorological Organization，WMO）在 20 世纪 90 年代开始将山洪预警作为工作的一部分，着力推进全面化山洪灾害管理机制，与美国等相关国家开展了关于山洪预警相关项目的研究。奥地利人 H. Olitski 提出了关于山洪空间预警方法的“荒溪分类及危险区制图指数法”，它的基本原理主要是根据山洪灾害危险等级划分、形成机理和地质地貌，划分三种不同的危险区域，分布于山沟口冲击锥上或者山体沟道内，从而实现山洪灾害预警预报的目的。美国国家水文研究中心根据相关组织及机构的要求提出了山洪预警指标 FFG（Flash Flood Guide）作为山洪预警系统建设的基础思路，该思路主要依据小流域实时降雨量，结合水文模型模拟计算此时土壤饱和度，并反推出达到预先设定的预警指标值可能的降雨量，当实际降雨量达到或超出该计算值时山洪灾害可能发生。美国国家水文研究中心研发出了一套山洪预警指南系统，该系统根据山洪灾害发生迅速、预期短等特点，依托美国国家天气预报机构实时监测小流域降雨量以及估算本地区以后降雨数值和分布，从而实现高效、精确地预警山洪灾害。意大利根据本国情况开发了中小河流洪水预报系统，该系统主要使用 Topkapi 分布式水文模型，根据各小流域的气候、水文等特点，开展在不同环境下小流域的山洪灾害预警。日本由于地形复杂以及季风气候显著，较早地开展了山洪预警预报方面的研究，而且开发出多种预警预报系统，主要包含实效雨量法、权重判别分析法、土壤雨量指数法和汇流时间降雨强度法四种典型的研究方法。

针对流域的特征水位/流量，欧洲各国主要是采用正太分位数法以及蒙特卡洛法模拟，结合流域土壤饱和度对地表径流过程产生的影响，利用贝叶斯损失函数最小化确定临界水位/流量。或者选择特定的流域水文计算模型，采用数字高程模型（Digital Elevation Model，DEM）提取流域数字信息，进一步推算洪水过程，结合临界流量反推出对应各时间段降雨量。美国水文研究中心为了使水位预警工作更加方便，采用 GIS 技术设计和研发水位预警系统，结合水文监测预报工作的特殊性，通过数据的传送与接收、处理与分析等过程，实现了地图操作、属性查询、水位预警、应急预案等功能。

1.1.3.2 国内预警指标研究进展

我国幅员辽阔、地形地貌复杂、气候类别多样，小流域水文气象等自然条件种类繁多，加之我国关于山洪灾害监测预警预报研究起步相对较晚，这导致在相关领域的研究比较薄弱。虽然如此，但近年来，不少科研人员以及专家学者在山洪灾害防治与监测预警方面开展了许多研究，成果显著。周金星根据山洪灾害危险发生等级及其性质将危险区域划分作为工作的重点，取得了具有针对性的研究结论；赵然杭、王敏等针对关键性问题，基于山洪灾害防治时的具体情况，采用 P－III 型频率分析法以及单站临界雨量法确定雨量预警方法；李昌志、郭良在山洪临界雨量确定方法述评中以经验法和理论法为基础，分别研究了几种常用的预警方法；陈真莲、黄国如等以清远市连州瑶安小流域为例，采用水位反推法以及区域临界雨量法分析计算临界雨量；江锦红、邵利萍将河道流量作为研究对象，以水量平衡方程为理论基础，采用暴雨临界曲线研究山洪预警方法并验证其合理性；张红萍、刘舒等结合山溪洪水发生机理和特性，从临界雨量角度出发，采用同频反推法分析计算；刘媛媛、胡昌伟等针对资料匮乏小流域地区进行山洪灾害风险图的计算和划分；段生荣依据典型小流域地形地貌、水文气象等多种自然条件，采用降雨灾害频率分析法、产汇流分析法以及实测雨量分析法进行对比，综合确定临界雨量计算方法；王仁乔、周月华等以实际气象站、水文站测量数据为依据，结合逐步订正原理综合计算临界雨量；钟敦伦等按照山洪灾害活动规律，将其分为发展期、活跃期和衰退期三个阶段；程卫帅基于前期土壤的持水度以及时段所积累的降雨量两个方面，从临界雨量出发进行预警；张玉龙等以云南省山洪典型区域为例采用克里金空间差值法进行临界雨量计算。

山西省水文计算手册中水位预警指标是通过分析防灾对象所在地上游一定距离内水位站的洪水位，将该洪水位作为山洪预警指标的方式。根据预警对象控制断面成灾水位，推算上游水位站的相应水位，作为临界水位进行预警。水位站的临界水位计算采用水面线推算法，根据成灾水位对应的流量按水面线法推算上游水位站的相应水位。水位预警指标分为两种：一是立即转移指标，临界水位即为水位预警的立即转移指标；二是准备转移指标。将临界水位减去 0.3m 作为水位预警的准备转移指标。

由于大部分山洪危险区域缺乏历史实测水位资料，黄丽玲等以设计暴雨计算不同频率的设计洪水，从而进一步计算控制断面的各级设计洪水位。为了验证其合理性，根据现有的历史调查洪水位进行对比，综合分析得出山洪灾害水位预警指标。

1.2 雨量预警

1.2.1 雨量预警的概念和作用

山洪灾害是由地形地貌、地层岩性、大气降雨等多种因素综合作用的结果，其中降雨是最活跃、最主要的因素，降雨量或雨强的控制性指标（临界雨量或临界雨强）是山洪灾害气象预报预警与制定综合防治规划方案的关键依据。一个流域或区域的临界雨量（强）是指在该流域或区域内，该流域或区域发生溪河洪水、泥石流、滑坡等山洪灾害时的降雨量或降雨强度。目前，临界雨量的确定方法主要有灾害与降雨频率分析法、内插法、比拟法、区域临界雨量分析法、产汇流分析法、单站临界雨量分析法，其中前三种是针对无资料或资料较缺乏的地区进行临界雨量分析计算的方法；区域临界雨量分析法所确定的区域山洪灾害临界雨量可作为判断区域内有无山洪灾害发生的指标，但无法判别区域内受灾面积的大小及灾害严重程度；产汇流分析法受降雨的时空分布、流域下垫面情况、流域地貌地质、河网水力条件等多方面的影响，在实际应用中缺乏精确性；单站临界雨量法是通过对不同雨量站长时间系列资料进行综合对比分析筛选，计算出临界雨量值，这对雨量站和雨量站点资料精度要求较高。

1.2.2 雨量预警的方法

一般情况下，山洪成灾的原因是由于局地暴雨形成洪水，导致河水急速上涨，水位超过河岸高度形成漫滩，上滩洪水对农田和房屋造成安全威胁。因此，通常可以将河水漫滩的水位定为警戒水位。根据上滩水位，结合实测河流断面资料估算出相应的流量，即为上滩流量，也可称为警戒流量。由于径流是由降雨产生的，从达到上滩流量的时刻开始往前推，在一定时间之内的累计降雨量称为警戒临界雨量。山洪的大小除了与降雨总量、降雨强度有关外，还和流域土壤饱和程度或前期影响雨量指数（antecedent precepitation index，API）密切相关。当土壤较干时，降水入渗大，产生的地表径流小；反之，如果土壤较湿，降水入渗少，形成的地表径流大。因此，在建立山洪警戒临界雨量指标时，应该考虑山洪防治区中小流域的土壤饱和情况，给出不同初始土壤含水量条件下的警戒临界雨量。土壤含水量指标可以采用土壤饱和度、也可以用 API 表示，其中土壤饱和度可以由分布式水文模型输出。流域面平均雨量可以采用空间插值方法由雨量站点的观测资料计算得到。

随着流域土壤饱和度的变化，山洪预警临界警戒雨量值也会随之发生变化，故称之为动态临界警戒雨量。

本书将临界雨量的时间尺度依次划分为1h、3h、6h、12h以及24h的临界雨量，实际应用中，当1h累积降雨量达到1h临界警戒雨量时，就发布预警，如果1h累积降雨量未达到1h临界雨量，那么继续对降雨进行监测，检查3h累积降雨量是否达到3h临界雨量，如果达到就发布预警，如果没有达到，则继续监测6h累积降雨，依次类推，直到完成24h累积降雨的监测为止。

1.2.3 雨量预警的指标分析方法

1. 山洪灾害调查成果数据

山洪灾害调查成果的数据类型众多，包括防治区信息、小流域信息、水文气象成果数据、危险区信息和沟道断面测量成果数据等。数据格式包括调查成果关系型数据、调查成果多媒体数据、调查评价基础工作底图和调查标绘成果空间数据等；其中用于小流域洪水预报的山洪调查成果数据主要包括小流域地理空间数据、小流域信息、水文气象成果和沟道断面测量成果；小流域地理空间数据主要包括小流域水系面、最长汇流路径、汇流时间和出口节点等；小流域信息包括历史山洪灾害现场调查数据、监测站信息、防治区涉水建筑物信息、土壤植被、地形地貌、小流域相关防治区社会经济概况等；水文气象成果包括洪水水文要素摘要、日降水量、日水面蒸发量、暴雨统计参数、洪峰流量统计参数等；沟道断面成果包括沟道历史洪痕测量、沟道纵断面成果、沟道横断面成果等。

2. 雨量预警指标分析

按照国家山洪灾害防治项目组发布的《山洪灾害分析评价技术要求》和《山洪灾害分析评价方法指南》中的指导意见，遵循雨量预警指标以模型分析法进行分析确定。其基本方法是根据成灾水位反推成灾流量，再由成灾流量反推临界雨量。重点通过分析成灾水位、预警时段、汇流时间、土壤含水量等，计算得到山洪防治对象的临界雨量，根据临界雨量和预警响应时间确定雨量预警指标，并分析成果的合理性。根据河道的警戒水位和河道水位—流量关系曲线推算出相应的成灾流量作为警戒流量，并将由警戒流量计算出的降雨量作为临界雨量。对于没有水位—流量关系曲线资料的测站，可根据山洪灾害调查沟道断面成果中的河道断面、河道纵坡和河床糙率，依据曼宁公式推算出水文站的水位—流量关系。警戒流量除了与降雨强度有关之外，还与土壤含水量（即前期影响雨量）密切相关。当土壤含水量较低，降水渗入地下很多，产生的径流则小；反之，如果土壤含水量较高，降水渗入地下很少，产生的径流则大。因此，依据警戒流量计算出警戒雨量时，还需考虑土壤含水量的情况，给出不同初始土壤含水量条件下的警戒雨量。土壤含水量指标可采用土壤饱和度或前期影响雨量表示。基于山洪灾害调查成果的雨量预警指标分析方法，主要是根据山洪灾害调查成果中的小流域地理空间数据和小流域信息，生成该流域的数字流域，再对小流域分区、分单元、分水系，建立小流域拓扑关系，进行小流域产汇流分析和洪水演进分析，得出小流域预报断面的洪水预报成果；之后再结合山洪灾害调查成果中的水文气象成果资料进行参数率定，确定分析方法中的参数。具体做法如下：

（1）在预报范围内根据山洪灾害调查成果中的小流域水系分布、防洪涉水建筑物分布和水文监测站点分布情况，以及预报区域地形、地质和下垫面的不同，将小流域预报区域划分为几块，每块的出口即为预报断面。块内依据降雨分布的不均匀性，再划分为若干个单元进行洪水预报。

（2）对于每一块小流域区域采用 ArcGIS 地理数据管理软件进行流域信息提取和单元划分，并兼顾到降雨分布不均匀的影响以及洪水向下游传播时在汇流时间和洪水削减方面的影响。这种单元划分方法既避免了单元间跨越分水岭的弊端，又减少了面雨量计算的误差。

（3）对于每一小流域单元，用降雨径流模型做产流计算，并用马斯京根模型做汇流计算。通过分析山洪灾害调查提供的成灾水位、预警时段、土壤含水量等，根据成灾水位反推流量，再由流量反推降雨量，计算得到每一单元的临界雨量，并根据临界雨量和降雨历时确定雨量预警指标。

（4）采用山洪灾害调查成果中多年的气象水文历史资料，对于每一块小流域预报区域进行参数率定，从而确定该分析方法中的相关参数值。

3. 雨量预警指标成果

运用基于山洪灾害调查成果的雨量预警指标分析方法，计算出山洪灾害防治区的成灾临界雨量，并得到临界雨量的降雨历时和预警等级。

1.3 水位预警

1.3.1 水位预警的概念和作用

水位预警是通过分析防灾对象上游一定距离内水位站的洪水位，将该洪水位作为水位预警的指标，根据预警对象控制断面成灾水位，是推算上游水位站相应水位的一种预警方式。

以溪河洪水为主的山洪采用水位预警的方式，具有物理概念直接、可靠性强、适用范围广的优势，尤其适用于支沟主沟汇流洪水顶托、流域内有调蓄工程、地下河或雪山融水等情况的山洪预警。水位监测站配合本地化的预警设备还可以对强行涉水过河、漂流、河边宿营等情况起到警示作用。

依据雨量预警指标和面雨量计算方法，能够比较准确地进行小流域洪水分析与预报，及时发布山洪灾害预警信息，为山洪应急响应提供充足的救灾时间。

1.3.2 水位预警的优点

1. 物理概念直接

山洪灾害主要是由降雨引起的河溪洪水、滑坡、泥石流等灾害。根据 2012—2015 年山洪灾害事件统计，造成人员伤亡的山洪灾害事件中 50%以上为河溪洪水灾害。对于河溪洪水灾害，当前主要采用雨量预警或水位预警。对于当地群众而言，最为熟悉的指标是本地河流上涨幅度，采用水位预警指标物理概念相对直接。在山洪灾害预警预报中，判断一个居民点是否会发生山洪灾害，最终都要归结为比较溪沟或者河道里的洪水位与预警点居民区高程的关系，即洪水位与成灾水位的关系。与雨量预警指标相比，水位预警指标概念更明确，省去了雨量预警指标中由降雨推求洪水的过程，使用更方便。

2. 可靠性强

由降雨发展为河溪洪水是一系列复杂的水文过程，当前的水文模型一般包括产流、坡面汇流、河道洪水演进等，雨量预警时，常常受到降雨预报不准确、水文模型不合理、人为活动等因素影响，而水位预警则省去了由雨转换为水的过程，可靠性更强。

3. 适用范围广

以溪河洪水灾害为主的山洪沟防洪治理采用水位预警的方式，具有物理概念直接、可靠性强、适用范围广的优势，尤其适用于支沟主沟汇流洪水顶托、流域内有调蓄工程、地下河或雪山融水等情况的山洪预警，对于这种类型的山洪，降雨和洪水没有直接对应关系，也就无法利用雨量进行预警，而水位预警不受降雨的影响，因此可以对该类山洪进行较准确地预警。相比雨量预警，水位预警对应的响应时间较短，缺少了产流、汇流的时间，只有洪水演进的时间可以利用。

1.3.3 水位预警的方法

1. 简易水位报警器

简易水位站是随着山洪灾害防治非工程措施项目建设而逐渐发展起来的，最初的方式为简易的水尺桩，水尺桩可为木桩或石柱型，对于无条件建桩的监测站，选择离河边较近的固定建筑物或岩石上标注水位刻度；水位监测尺的刻度以方便监测员直接读数为设置原则，并根据各监测点的实际情况，标注预警水位。2013 年以后，效仿简易雨量报警器，简易水位站也增加了报警功能，逐步发展成了简易水位报警器。简易水位报警器用于沿河村落河流（溪沟）控制断面附近水位监测报警，具有实时水位监测、预警水位（准备转移、立即转移）阈值设定、报警以及报警数据查看等功能。当河流水位达到预警阈值时，可通过声、光信号自动进行原位报警，同时通过无线和有线方式将预警信号传输至下游报警终端，实现声、光同步报警。简易水位报警器具有以下特点：

（1）水位监测和报警设备可一体化，进行原位报警；监测与报警设备也可分离，以实现上游监测、下游报警。

（2）简易水位报警器主要用于洪水上岸情况下的山洪预警，同时还可对强行涉水过河、漂流、河边宿营等河道内人员活动起到警示作用。

2. 按河长布设水位监测站

（1）布设规定。2010 年印发的《山洪灾害防治非工程措施建设技术要求》、2013 年印发的《山洪灾害防治非工程措施补充完善技术要求》对水位监测站布设做了如下规定：

1）面积超过 100km^2 的山洪灾害严重的流域，且河流沿岸为县、乡政府所在地或人口密集区、重要工矿企业和基础设施的，布设自动水位监测站。

2）流域面积 100km^2 以下的山洪灾害严重的小流域，河流沿岸有人口较为集中的居民区或有较重要的工矿企业、较重要的基础设施，布设简易水位监测站。其他小流域，根据实际情况因地制宜布设简易水位监测站。

3）对于下游有居民集中居住的水库、山塘，没有水位监测设施的，适当增设水位监测设施。对重要的小型水库，可适当布设自动水位监测站。

4）水位站布设地点应考虑预警时效、影响区域、控制范围等因素综合确定，尽量在山洪沟河道出口、水库、山塘坝前和人口居住区、工矿企业、学校等防护目标上游。

5）站网布设时应考虑通信、交通等运行管理维护条件。自动水位监测站布设的控制条件是流域面积 100km^2 以上，重点布设于县、乡政府所在地、重要的小型水库等部位；简易水位监测站则布设于人口集中的居民区等部位。事实上，无论是自动水位监测站还是简易水位报警器，均应根据河流的分布，布置于河流沿线。根据日本的经验，水位站布设的河长间距为 10～20km。

（2）修正后布设原则。修正后的布设原则为：

1）山洪灾害严重的流域，按照河长间距为 10～20km 布设水位监测站。

2）水位站布设地点应考虑预警时效、影响区域、控制范围等因素综合确定，尽量在山洪沟河道出口、山塘坝前和人口居住区、工矿企业、学校等防护目标上游。如安装简易水位报警器，报警器可放置于保护对象区内。

3. 确定预警指标

临界水位是水位预警方式的核心参数，指防灾对象上游具有代表性和指示性地点的水位；在该水位时，洪水从水位代表性地点演进至下游沿河村落、集镇、城镇以及工矿企业和基础设施等预警对象控制断面处，水位会到达成灾水位，可能会造成山洪灾害。临界水位通过上下游相应水位法和成灾水位法进行分析。一般下游防护对象成灾水位对应的上游监测站水位为立即转移水位，具体操作中，将立即转移水位降低一定幅度，确保有足够时间做好转移疏散准备，此水位为准备转移水位。山洪从水位站演进至下游预警对象的时间往往很短，给预警信息传递和人员转移带来很大的困难，为了解决此问题，需增加洪水速升的预警指标，在准备转移水位线以下设置一个水位上涨速率检测区间，即使河道内水位未达到洪水上岸预警指标，河道内水位速升达到已预设的上涨速率时也发出预警信息。

4. 建立雨量、水位互补的预警体系

当年降雨量达到 800mm 以上时，沿河村落人口集中的区域可增加配置水位监测站，形成以雨量预警和水位预警互补的体系。降雨发生后，首先根据雨强进行警戒，而后根据雨情、水情的发展逐步启动雨量预警指标、水位预警指标，以提高预警指标体系的可靠度，弥补单独用雨量预警或单独用水位预警带来的自身缺陷。

第2章 临界雨量的计算方法概述

临界雨量指导致一个流域或区域发生山溪洪水可能致灾时，降雨量达到或超过的量级和强度。临界雨量这一指标在国内外山洪灾害防治工作中应用较为普遍，确定方法也多种多样，各有千秋。一般而言，临界雨量与降雨、土层含水及下垫面特性3大因素相关。降雨因素由场次降雨量、场次累积降雨量及降雨强度等指标描述；土层因素包括土壤含水量或者前期降雨；流域下垫面特征包括地形、沟道特征、流域几何特征、植被、土壤等因素。三者中，降雨因素是变化最为迅速、随机性最大的因素，土层要素则变化较快，如果地区固定，则流域下垫面特征在短时间内是基本不变的。国内外现有的研究工作，都是针对降雨因素、土层因素以及下垫面特征3个因素，从不同侧面、不同重点、采用不同方法和模型展开的。

在我国大陆地区，气候条件、地质地貌、植被土壤种类丰富，降雨、水文等基础性资料丰富程度不一，有的地方甚至严重匮乏。因而，现有山洪灾害临界雨量的确定方法种类繁多，考虑因素各有差异。简单而言，将现有临界雨量计算方法归纳起来主要分为经验方法和理论方法两大类。经验方法无明显的物理机理和推导过程，对资料要求不高，主要根据事件相关性、地理条件相似性等原则确定山洪灾害临界雨量指标，主要包括统计归纳法、灾害实例调查法、内插法、比拟法、灾害与降雨同频率法，其中后4种方法主要在无资料或资料较为缺乏的地区使用；统计归纳法通过对不同雨量站历次灾害资料进行统计分析，计算得到临界雨量，该法按范围不同又可分为单站临界雨量法、区域临界雨量法等。理论方法以山洪灾害形成的水文学、水力学过程为基础，具有较强的物理机制和推导过程，主要包括水位反推法、土壤饱和度—降雨量关系法、暴雨临界曲线法等。根据研究区域雨量站资料情况，又可以将计算临界雨量的理论方法归结为两大类：一是资料条件好的区域或流域临界雨量计算；二是资料缺乏和无资料区域或流域临界雨量计算。对于资料条件好的区域或流域，山洪灾害临界雨量计算方法简便、直观、易行且成果合理可靠，但对于雨量站点稀少，或缺乏雨量资料的区域或流域临界雨量分析计算难度大。

2.1 典型区域临界雨量计算

2.1.1 典型区域的概念

典型区域确定应考虑的主要条件如下：

(1) 区域内应有一定数量的雨量站点（平均单站控制面积在200km²以下，资料条件差的地区可适当放宽），且分布比较均匀；具有较完整、详细的山洪灾害历史发生记录或调查资料；各站点具有时间序列较完整的雨量资料，一定的地质资料、水文资料和气候资料。

（2）区域内人口密度较大，具有典型山洪灾害地理特征，山洪灾害频繁，受灾情况严重。

（3）典型区域可以是一个流域，也可以是一个区域，在划分典型区域边界线时，区域内可包含若干条完整的流域面积不超过 200km^{2}的小流域，应尽量避免将小流域分割开，区域内的地质条件和气象条件相差不大。

2.1.2 资料收集

典型区域确定后，开始收集、整理典型区域的自然地理概况、水文气候特征、流域及河道特征资料。

自然地理概况资料主要包括流域的地理位置、地形地貌特征、支流（沟）水系分布情况等。

典型山洪灾害区域特征资料主要包括流域面积、河道长度、河道比降等。

多年平均降雨概况，即多年平均每个月的雨量分布。

典型山洪灾害区域各种比例尺最新地形图，根据规划区 1∶5 万或 1∶1 万地形图量算区域控制断面以上流域及河道特征值。

收集典型区域内现有气象台（站）、雨量站、水文站（包括水文实验站和水位站）的分布情况，并按统计各站的观测内容、观测系列；按 1∶100 万比例尺绘制本省站网水系分布图，并将站点标注在图上，以全面了解区域内的气象、雨量及水文（水位）站点分布情况。

收集典型山洪灾害区域内气象、雨量、水文测站历年气象、雨量及水文资料观测方法、资料整编、有关系数（如浮标系数）取用情况等；并收集水文、水位站基面及各种基面之间的转换关系等。

收集典型区域已有的最新暴雨等值线图、暴雨统计参数等值线图，包括最大 10min、30min、1h、3h、6h、12h、24h 暴雨等值线图和对应的统计参数（均值、偏态系数 C_v、离差系数 C_s）等值线图。

收集典型区域山洪灾害多发期雨量站历年降雨资料，内容包括山洪灾害多发期逐日降水资料、历年分时段最大降雨量的特征值（包括 10min、30min、1h、3h、6h、12h、24h 最大降雨系列）及降雨过程，暴雨中心位置及笼罩面积等。

历史山洪灾害水文气象调查资料，包括降水资料、有关研究分析报告、山洪灾害区域内及邻近区域降雨持续时间、降雨强度、山洪灾害发生过程总雨量和强降水发生前的异常天气特征等，以及历史洪水水位和实测成灾洪峰水位、洪峰流量、发生时间、历史暴雨和历史成果的可靠程度评价、山洪灾害发生过程、暴雨开始至灾害发生的时间间隔、各地方期刊中有关山洪灾害的描述等。

收集历次山洪灾害对应的区域内降水过程的逐时段降水资料，统计过程总雨量、逐时段降雨（10min、30min、1h、3h、6h、12h、24h）最大降雨量。

收集典型区域山溪洪水灾害分析有关的水文资料，主要有水位、流量、河道比降、纵横断面、已有的历史暴雨洪水调查资料及有关山洪记载的历史文献资料等。其中，水位资料为山洪灾害发生期洪水位要素摘录表；流量资料为山洪灾害发生期洪水要素摘录表。收集实测洪水比降、根据实测资料率定的河道糙率等。

若区域内尚有未调查的暴雨、洪水及灾情时，应对其进行详细调查；或虽曾进行过调查但近期又出现山洪灾害时，应进行补充调查。调查内容应尽可能细致，包括致灾暴雨发生的开始时间、暴雨持续时间、暴雨量级、暴雨开始至灾害发生的时间间隔、最大暴雨强度、最高洪水位和最大流量、山洪河道基本概况等。同时应做好调查记录，包括被调查人年龄、住址、是否亲历该次灾害、文化程度、对灾害的描述情况、灾害痕迹调查测量情况等，并对调查结果的可靠程度做出相应评价。

对引发山洪灾害的暴雨、洪水进行调查时，应统一填写有关内容。当收集已有的山洪灾害暴雨、洪水调查资料时，也应统一填写。

收集其他相关资料，包括水土流失、泥沙、地质、遥感、遥测及雷达测雨资料等。

收集的所有资料，除雨量、灾害时间等资料直接用于临界雨量分析计算外，其他资料则用来进行灾害区综合条件的类比、对灾害发生的时间及程度的综合判断，并对临界雨量成果进行合理性分析及比拟采用等。

2.1.3 临界雨量分析计算

2.1.3.1 单站临界雨量分析计算

1. 资料统计

通过分析历史山洪灾害过程中的时段雨量，以发生历次山洪过程中各时段雨量最大值中的最小值，来计算山洪灾害单站各时段临界雨量值。

首先根据区域内历次山洪灾害发生的时间表，收集区域及周边邻近地区各雨量站对应的雨量资料（区域内有的地方可能未发生山洪，但雨量资料也应一并收集），以水文部门的雨量资料为主，气象站网和实地调查雨量资料作为补充。确定对应的降雨开始和结束时间，降雨过程的开始时间，是以连续 3 日每日雨量不大于 1mm 后出现日雨量大于 1mm 的时间；降雨过程的结束时间是山洪灾害的发生时间（这里确定的是降雨过程统计时间，如灾害发生后降雨仍在持续，灾害会加重）。过程时间确定后，在每次过程中依次查找并统计 10min、30min、1h、3h、6h、12h、24h 最大雨量，过程总雨量及其每项对应的起止时间。如果过程时间长度小于对应项的时段跨度，则不统计（例如降雨过程小于 12h，则不统计 12h、24h 最大雨量及其起止时间），但过程雨量必须统计。当降雨过程时间较长时（例如过程时间超过 3 天），降雨强度可能会出现 2 个或以上的峰值，则统计最靠近灾害发生时刻各时间段的最大雨量。如果收集的资料中已包含各时段雨量统计值，则可直接进行下步工作。

2. 临界雨量计算

在防灾对象所处流域或其附近有雨量站及其实测雨量统计资料时，可以根据区域内各单站临界雨量初值来确定防灾对象处的临界雨量。

假设区域内共有 S 个雨量站，共发生山洪灾害 N 次，共统计 T 个时间段的雨量，R_{tij} 为 t 时段第 i 个雨量站第 j 次山洪灾害的最大雨量，则各站每个时间段 N 次统计值中，最小的一个为临界雨量初值，即初步认为这个值是临界雨量，计算公式为

$$R_{ti\text{临界}}=\mathrm{Min}(R_{tij}) \quad (j=1,2,\cdots,N) \tag{2-1}$$

根据防灾对象所处流域内分布的雨量站及计算的单站临界雨量值，采用反距离加权距离法进行空间插值，得到各个防灾对象的临界雨量。

反距离加权法（Inverse Distance Weighted，IDW）是最常用的空间插值方法之一。它认为与未采样点距离最近的若干个点对未采样点值的贡献最大，其贡献与距离成反比。可表示为

$$R_t=\frac{\sum_{i=1}^{n}\left[\frac{1}{(D_i)^p}R_{ti\text{临界}}\right]}{\sum_{i=1}^{n}\frac{1}{(D_i)^p}} \quad (t=1,3,6,\cdots) \tag{2-2}$$

式中 R_t——防灾对象所处区域的临界雨量值；

$R_{ti\text{临界}}$——研究区域内所计算的各个单站临界雨量值；

D_i——距离；

t——时段雨量，一般取 1、3、6；

p——距离的幂，它影响内插的结果，它的选择标准是最小平均绝对误差，研究表明，幂越高，内插结果越具有平滑的结果。

在进行临界雨量计算时，由于雨量站点较为分散，所求的结果仅为防灾对象单点的结果，故取 $p=2$，空间插值得到各个防灾对象不同时段的临界雨量值。

3. 计算步骤

（1）资料准备。查阅相关水文资料，选取位于防灾对象所属流域内的雨量站、水文站，确保降水量摘录资料符合可靠性、代表性、一致性的审查要求。同时，对相应小流域发生历史洪水的统计资料进行收集，确定历史山洪灾害发生的具体时间。

（2）单站雨量值的确定。通过分析历史山洪灾害资料，对各场山洪过程中的雨量资料进行筛分，选取历次山洪中最大日降水量较大的几次降雨过程，从降水量摘录表中依次摘出不同时段（1h、3h、6h）雨量的最大值，进行比较后，取其最大值作为单站不同时段的临界雨量。

4. 单站临界雨量分析

（1）不同站点相同时段的临界雨量不尽相同，与各站点地质、地形、前期降雨量及气候条件不同有关。地形陡峭、土壤吸水能力较好、前期降雨量小、年雨量较大的地区，临界雨量就较大，相反则临界雨量较小。

（2）同一站点不同时段的临界雨量，能反映该站点对于不同时间段最大降雨的敏感程度，因此需要对各时段的临界雨量进行综合分析，并结合山洪灾害调查资料，确定影响山洪灾害发生的重要时段。因过程总雨量也有临界值，实际工作中，各时段临界雨量必须综合使用，并判别山洪灾害发生的可能性，如 1h 这个时段出现大于临界值的降雨时，灾害

发生的可能性较小，3h、6h 也出现大于临界值的降雨时，灾害发生的可能性较大。但只要有一个时段降雨将超过其临界值，就有可能发生山洪灾害。

（3）可以将区域内各站同一时段的临界雨量进行统计分析。

1）计算平均值为

$$\overline{R}_t = \frac{\sum_{i=1}^{s}(R_{ti\text{临界}})}{S} \quad (t=10\text{min},30\text{min},\cdots) \tag{2-3}$$

R_t 可视为区域内大范围的平均情况，即当面降雨量超过 $\overline{R}_t$ 时，区域内有可能发生山洪灾害。

2）统计最小值为

$$R_{t\min}=\min(R_{ti}) \quad (i=1,2,\cdots,S) \tag{2-4}$$

$R_{t\min}$可视为区域内致灾降雨强度的必要条件，即只有当区域内至少有一个站雨强超过$R_{t\min}$时，区域内才有可能发生山洪灾害。

3）统计最大值为

$$R_{t\max}=\max(R_{ti}) \quad (i=1,2,\cdots,S) \tag{2-5}$$

$R_{t\max}$可视为区域内发生山洪灾害的充分条件，即当区域内每个站点雨强都超过 $R_{t\max}$ 时，区域内将会有大范围的山洪灾害发生。

4）利用单站临界雨量分析计算区域临界雨量（单站临界雨量法）。因影响临界雨量的因素多，且各种因素的定量关系难以区分开，各次激发灾害发生的雨量均不完全相同，因此区域内各站的临界雨量也不尽相同。根据分析计算出的区域内各单站临界雨量初值来确定区域临界雨量，这种方法称为单站临界雨量法。区域临界雨量的取值不是一个常数，而是一个区间，位于 $R_{t\min}$ 和 $\overline{R}_t$ 之间，也可适当外延，在该区域中达到该范围的站点相对较多，但不是全部。只要降雨量在该范围内，区域内就有可能发生山洪灾害。临界雨量范围不能过大，否则对山洪灾害防治意义不大。

2.1.3.2　区域临界雨量的分析计算

1. 资料收集与统计

首先根据区域内各雨量站历史山洪灾害发生时间表，收集对应的雨量资料（区域内只要有一个站发生山洪，视为该区域内发生了山洪，则区域内所有雨量站都要收集和统计对应的降雨过程资料），降雨过程的划分与单站方法相同。

计算区域内与历次山洪灾害对应的各时段最大面平均雨量，假设区域内共有 S 个雨量站，共发生山洪灾害 N 次，共统计 T 个时段的面平均雨量，面平均雨量计算可采用算术平均法、泰森多边形法、雨量等值法等多种方法，根据典型区域的实际情况而定，但要保证计算得到的面平均雨量的精度。R_{tj} 为 t 时段第 j 次山洪灾害对应雨量过程中的最大面平均雨量（通过滑动平均得出），则区域内各时段有 N 个（每场灾害一个）最大面平均雨量值。

2. 区域临界雨量初值的确定

统计 N 次山洪灾害各时段最大雨量面平均值的最小值，即为各时段区域山洪临界雨

量初值

$$\overline{R}_{t临界}=\min(R_{tj})\quad(j=1,2,\cdots,N)\tag{2-6}$$

3. 区域临界雨量分析

（1）$\overline{R}_{t临界}$可视为区域内面平均临界雨量初值，因影响临界雨量的因素多，各次激发灾害发生的雨量不同，因此临界雨量的取值不是一个常数，而是一个范围，范围一般在$\overline{R}_{t临界}$上下的一个区间，即临界雨量可能略小于$\overline{R}_{t临界}$或略大于$\overline{R}_{t临界}$，在该变幅内区域中有一定数量的灾害场次（N次中）。只要面降雨量在该变幅内，区域内就有可能发生山洪灾害。

（2）区域山洪灾害临界雨量，可作为判别区域内有无山洪灾害发生的定量指标，因在统计山洪灾害次数时，只要区域内有1个站点发生了山洪灾害，就认为区域内有山洪灾害发生。因此，区域临界雨量分析法所确定的区域山洪灾害临界雨量可作为判断区域内有无山洪灾害发生的指标，它无法判别区域内受灾面积的大小及灾害严重程度（面降雨量大于临界雨量程度越高，灾害将越严重），但这种方法对资料要求不高，对于雨量站密度相对较小的区域，比较适用。

2.2 无资料区域临界雨量计算

对于无资料或资料比较缺乏，无条件作上述单站临界雨量或区域临界雨量分析的地区，经验法计算临界雨量的分析方法主要采用内插法、比拟法、山洪灾害实例调查法、灾害与降雨频率分析法等。

（1）当目标区域中具有实测降雨资料系列的雨量站覆盖了大部分地区，但仍存在部分无资料的空白区时，可采用内插法推求临界雨量。

（2）当目标区域无资料或实测降雨资料系列很短，但仍有条件进行对比分析，可在有资料区域发现相似区域或小流域时，可采用比拟法推求临界雨量。比拟法要求至少存在一个与目标区域条件相似的有资料的区域或小流域，本质上仍然是资料不足地区临界雨量的推求方法。

内插法和比拟法是将有资料地区临界雨量移用到无资料或资料不足地区的经验方法，无法独立地完成临界雨量推求，但可作为各类临界雨量推求方法的补充，这里暂列入统计归纳法的范畴。

（3）目标区域无资料，但可能通过调查获得灾害实例及其对应雨量资料时，可采用灾害实例调查方法来推求临界雨量：通过全面调查获得灾害实例及其对应雨量资料，统计分析得到临界雨量。

（4）目标区域无资料、通过调查只能获得灾害发生数量而无法获得对应雨量资料时，可以采用灾害与降雨频率分析来推求临界雨量：基于对灾害场次的调查分析山洪灾害发生频率，并假设灾害与降雨同频率，则与灾害频率相同的设计降雨量可作为临界雨量。

灾害实例调查法、灾害与降雨频率分析法都是统计方法，可独立完成区域临界雨量的推求，在实践中应用较广。两法精度均存在问题，虽可通过对比分析进行修正，但在用作关键预警指标时仍应持谨慎态度，在资料条件具备时应尽快采用更可靠的方法复核临界雨量。

2.2.1 内插法

此方法适用于在已分析过单站临界雨量的区域内有一些雨量站空白区（或有站但无降雨量实测资料）的情况。依据是：降雨量的分布从气候角度来看是空间连续的，临界雨量虽与地质条件及气象条件有关，但在典型区选取时，已限定区域内地质条件及气象条件相差不大。因此，可以认为临界雨量在典型区内也是连续的，可勾绘等值线。将各单站各时段临界雨量填在对应的雨量站点位置，通过勾绘等值线图的方法（每一个时段一张图），求出空白处山洪沟的临界雨量，如果一条山洪沟有几条等值线穿过，则需据等值线图求出空白区平均值来确定临界雨量。另外，当与选定典型区相邻较近（一般区域间最近点距离不超过 50km）区域有雨量站（且有降雨实测资料）时，应参考这些资料绘等值线图。

2.2.2 比拟法

此方法适用于典型区外确无资料条件作临界雨量分析的区域或山洪沟，当这些区域的其他条件如地质条件（地质构造、地形、地貌、植被情况等）、气象条件（地理位置、气候特征、年均雨量等）、水文条件（流域面积、年均流量、河道长度、河道比降等）与典型区域某一条山洪沟较为相似时，可视为两者的临界雨量基本相同。如区域或山洪沟内有些条件与典型区存在差异时，可据实际情况适当进行调整，最后确定区域或某条山洪沟的临界雨量。

1. 原理

通过比较所求流域与典型流域的相似性，将临界雨量进行移植。

2. 资料统计

资料包括目标区域和典型区域的降雨条件、水文条件、气象条件、地质条件等。

3. 临界雨量计算

（1）进行相似性比较。地质方面，比较两个地区的地质情况、土壤植被、地貌和地形等；气象方面，主要比较两个区域的气候特征、地理位置、年降雨量等；水文方面，主要比较两个区域的河道比降、河道长度等；防洪方面，需要比较两个区域的沿河村落和重要集镇的防洪能力等。

（2）如果需要，还需要对目标区域进行一定的修正。

2.2.3 灾害实例调查法

这是在无资料地区最常用的一种方法。它是通过大量的灾害实例调查和雨量调查资料（有条件时也可收集一些专用雨量站实测资料，如厂矿、企业、水电站等单位的专用雨量站资料，也应收集区域周边邻近地区的雨量资料，便于分析比较），进行分析筛选，确定灾害区域临界雨量。采用此方法必须做全面的灾害实例调查和对应雨量调查，对所调查到的灾害及其对应的降雨资料进行统计分析时，根据调查资料情况，可以统计各场灾害不同时段（但时段不可能像有资料区域分得那么详细）和过程降雨量，将历次灾害中各时段和过程的最小雨量作为临界雨量初值。因受调查资料的可靠性和准确性影响，临界雨量初值也会存在一定的误差，可通过与周边邻近地区的临界雨量进行综合对比分析，最后合理确定临界雨量值。在有条件的地区应分类调查山溪洪水、泥石流、滑坡，但在有些地区三者之间有时也存在密切的关系，如泥石流与滑坡是一对密不可分的孪生兄弟，有可能很难分类调查，不能分开的就合并进行临界雨量的分析计算（假定三种灾害临界雨量相同）。

灾害实例调查法计算过程如下：

$$r_{an}=kr_1+k^2r_2+\cdots+k^nr_n \tag{2-7}$$

式中　r_{an}——前 n 天内的有效降雨量；

k——有效降雨量系数（$k\leqslant 1$），此处取为 0.84；

r_n——第 n 天的降雨量。

灾害实例调查法是通过查阅已发生的泥石流事件及其对应的降水数据，确定各时段的临界雨量值，具有较高的精度。但该方法对气象资料（降雨资料）尤其对 10min 雨量的要求较高，在资料不全或资料缺乏地区该方法计算的精度会大大降低，该方法适用于资料完整地区泥石流临界雨量的计算。

2.2.4　灾害与降雨频率分析法

1. 基本原理

通过对灾害场次的调查，分析山洪灾害发生的频率，如某区域自 1950 年以来共发生了 14 次山洪灾害，那么山洪灾害发生的频率 $P=14/(2017-1950+1)=20.6\%$。分析计算与灾害相同频率的降雨量，全国各省都有不同时段（10min、1h、6h、24h）的年最大雨量等值线图、变差系数等值线图（C_s/C_v 一般各省都已固定），而且系列已进行了延长（20 世纪 90 年代末或 21 世纪初），山洪灾害区域的各频率设计雨量可以计算出来，取与山洪灾害发生频率相同的降雨量设计值作为临界雨量初值，这里假定灾害与降雨同频率，如根据资料分析认为两者不同频率，做出相应的折算后，确定与灾害频率相应的降雨频率，求出降雨设计值作为临界雨量初值。通过与周边邻近地区的临界雨量进行综合对比分析，最后合理确定临界雨量值。在计算面设计雨量时，如区域较小可以看作一个点（区域中心），区域较大应考虑点面换算关系。

值得注意的是，有些区域一年可能发生两场或两场以上的灾害，根据灾害的频率确定降雨的频率时，从理论上讲降雨量选样时应考虑超定量的问题，也就是一年不一定选一个样（以往的降雨成果一年只选一个样），但这个问题比较复杂，而且工作量大，因此对于这种方法，我们应加强综合分析并合理采用。如果区域内有个别雨量站的实测资料，可根据这个站点的临界雨量值与其设计雨量进行比较，确定对应于灾害的降雨频率，这样可回避灾害调查不全及降雨选样（超定量）存在的问题。

2. 计算步骤

灾害与降雨频率分析法的前提是假设区域山洪灾害发生频率与降雨频率一致，具体方法如下：

(1) 调查研究区发生山洪灾害的场次，分析山洪灾害发生频率 P_{zh}，山洪灾害发生频率为

$$P_{zh}=\frac{山洪灾害发生次数 N}{山洪灾害发生次数 N+1}\times 100\% \tag{2-8}$$

(2) 根据收集到的各水文站近30年的雨洪资料，计算水文站短历时暴雨，得到各水文站不同时段（1h、6h、24h）年最大雨量均值（$\overline{H}_{m1}$、$\overline{H}_{m6}$、$\overline{H}_{m24}$）和变差系数值（C_{v1}、C_{v6}、C_{v24}），选取与山洪灾害发生频率相同的降雨量设计值作为临界雨量初值，临界雨量初值计算公式为

$$H_{max}=K_p\overline{H}$$
$$K_p=\phi_p C_v+1 \tag{2-9}$$

式中 K_p——模比系数；

$\overline{H}$——定点暴雨均值；

C_v——变差系数；

ϕ_p——离均系数，可查 ϕ 值表得不同频率的 ϕ 值。

(3) 对该方法计算的临界雨量初值进行综合对比分析，最后合理确定临界雨量值。

2.2.5 大范围山洪区临界雨量的计算

要对一个地区、一个省乃至全国山洪区的临界雨量进行分析，先在分析区内挑选出若干个有条件作临界雨量分析的典型区，做出各区的临界雨量，再根据上述介绍的方法，由点及面，依此求出全省（市、区）各山洪灾害区域的临界雨量。

2.3 几种常见的临界雨量理论计算方法

2.3.1 水位—流量反推法

水位—流量反推法是假定降雨与洪水同频率，根据河道控制断面警戒水位、保证水位和最高水位指标，由水位—流量关系计算对应的流量，由流量频率曲线关系，确定特征水位—流量洪水频率，由降雨频率曲线确定临界雨量，但没有考虑前期影响雨量。水位反推法以洪水与暴雨同频率为基础，结合历次灾害水位及防洪工程情况计算分析临界雨量，在实际应用中有一定的参考价值。

1. 资料统计

需要统计的资料主要包括：

(1) 沿河村落、城镇等危险区的居民信息、河道的横断面与纵断面测量信息、河道的比降与槽率、流域面积，以及在计算汇流时间时用到的地形资料。

(2) 危险区所在河道的特征水位与特征流量。

(3) 所在地的暴雨图集、水文手册等。

2. 基本原理

假定防灾对象所处断面处有一洪峰流量 Q_m，则有一个1h的时段降雨 R_{1h}，经过产汇

流后形成洪水过程的洪峰等于 Q_m，同样有一个 3h 的时段降雨 R_{3h}，经过产汇流后形成的洪水过程的洪峰也等于 Q_m，则 R_{1h} 和 R_{3h} 的频率相同，均等于 Q_m 的频率，以此类推，会有许多个时段的降雨，经过产汇流后形成的洪水过程的洪峰均等于 Q_m，且频率都与 Q_m 的频率相同。在此假定的基础上，首先确定防灾对象处的临界洪水位，然后根据断面特征、水位—流量关系，确定对应的流量，且认为该流量为临界流量 Q_m，同时确定其对应的频率 P_m，最后计算频率为 P_m 的各时段降雨量，即为各时段的临界雨量。

3. 计算步骤

（1）确定成灾流量 $Q_{灾}$。根据保护对象具体情况，确定所在河流断面处可能发生山洪灾害时的临界水位值 $H_{临}$。进而根据断面特征，分析水位-流量关系曲线，利用成灾水位，得到成灾水位对应的流量值 $Q_{灾}$。

（2）计算设计暴雨。给定某一频率 P，确定与频率 P 对应的 1h、3h 设计点雨量，再根据点面折减系数、流域形状系数计算对应时段的设计面雨量，点绘出不同时段下的设计面雨量和相应频率的关系曲线图。

（3）计算设计洪峰 $Q_{m,p}$。

（4）确定 $Q_{m,p}$—P 关系。给定多个频率值（选用 0.5%、1%、2%、3.33%、5%、10%、20%、50%），重复上述具体步骤，可以得到多个设计洪峰值。然后点绘设计洪峰与对应频率的关系曲线 $Q_{m,p}$—P。

（5）确定临界雨量的频率 $P_{灾}$。利用临界流量，在 $Q_{m,p}$—P 上查出对应的频率 P，在临界雨量与临界流量同频率的假定下，频率 P 就是临界雨量的频率 $P_{灾}$。

（6）指标初值确定。通过计算得到成灾频率 $P_{灾}$，对照雨量频率关系曲线图，可得对应时段的设计暴雨，作为不同时段的临界雨量。

2.3.2 暴雨临界曲线法

暴雨临界曲线法从河道安全泄洪流量出发，由水量平衡方程，当某时段降雨量达到某一量级时，所形成的山洪刚好为河道的安全泄洪能力，如果大于这一降雨量将可能引发山洪灾害，该降雨量称为临界雨量。位于曲线下方的降雨引发的山洪流量在河道安全泄洪能力以内，为非预警区，位于曲线上或上方的降雨引发的山洪流量超出河道的安全泄洪能力，为山洪预警区。暴雨临界曲线法只能根据前期累计雨量和前 1h 雨量进行预警，缺乏不同时段的概念。

1. 资料统计

需要统计的资料主要包括：

（1）沿河村落、城镇等危险区的居民信息、河道的横断面与纵断面测量信息、河道的比降与槽率、流域面积，以及在计算汇流时间时用到的地形资料。

（2）危险区所在河流的特征水位与特征流量，历史上的暴雨调查资料、洪水资料以及与山洪相关的历史文字资料。

（3）所在地的暴雨图集、水文手册、流域汇流时间历时的降雨雨型序列等。

2. 基本原理

从所在河道的特征流量开始，根据水量的平衡方程，当在某一个特征时段，其降水刚好达到某一值时，此时所形成的洪水就是河道的特征流量。

暴雨临界曲线表达式为

$$I=a+b/R \tag{2-10}$$

式中 I——降雨强度，mm/h，雨强计算时间段通常采用60min；

R——降雨过程对应于降雨强度 I 值时的场次累积雨量，mm；

a、b——参数。

对于特征时段雨量所在的点有：

$$R=S_{特},I= S_{特}$$

对于最小特征雨量点有：

$$R\rightarrow\infty,I=S_C$$

带入式（2-10），可以求出 a 和 b：

$$a=S_C,b=S_{特}(S_{特}-S_C) \tag{2-11}$$

求出 a 和 b 后，可以再以场次累积雨量为横坐标和特征时段的降雨量为纵坐标的坐标图上做暴雨临界曲线。由此可以得出临界雨量。

3. 临界雨量计算

（1）根据河道的调查情况，采用曼宁公式 $Q=\frac{A}{n}R^{2/3}J^{1/2}$ 可以得出所在河流的水位—流量关系曲线；通过现场调查到的成灾水位推求危险区的成灾流量 $Q_{灾}$；分析确定流域的汇流时间，在此基础上确定危险区的预警时段，预警时段的最大值就是汇流时间。

但是小流域的地形复杂，存在比较多的弯道以及影响泄洪的卡口，导致小流域的流态复杂。卡口与弯道地带的特征流量无法直接用公式计算得到。因此需要借助弯道、卡口地带与其附近直河段的水位之间的关系以及直河段的水位流量关系来推求。弯道、卡口地带的水位与附近直河段水位之间的关系可以通过观测得到，而直河段的水位—流量关系可以通过曼宁公式等获得。

（2）计算特征临界雨力 S。在小流域当中，当某个时段的降雨变成某一值时，导致的山洪流量刚好是这个河道的特征流量，即如果大于这一雨量，山洪的水位就超过了特征水位，这个降雨量就是就是特征临界雨力 S_C。其计算公式为

$$S_C=C\tau Q_{特}/F \tag{2-12}$$

式中 S_C——特征临界雨力，mm；

τ——流域汇流时间，h；

$Q_{特}$——特征流量，m^3/s；

F——断面上游的汇流面积，km^3；

C——单位转换系数，如果 S 的时间段是 $t_{特}$，那么 $C=3.6t_{特}$，$t_{特}$ 一般情况下不大于流域的汇流时间。

（3）特征时段雨量 S_p 的计算。特征时段雨量就是某特征时段的某频率设计暴雨量。

其计算为

$$S_p = H_{24,p} 24^{n-1} \tag{2-13}$$

式中　S_p——频率为 P 时，所对应的基准特征时段雨量，mm；

$H_{24,p}$——频率为 P 时，年最大 24h 的设计暴雨，mm；

n——暴雨的衰减系数。

在得到基准特征时段雨量的基础上，根据暴雨公式，进行下一步计算：

$$S_{特} = S_{t,p} = \begin{cases} S_p t^{1-n_1} & t \leqslant 1 \\ S_p t^{1-n_2} & t > 1 \end{cases} \tag{2-14}$$

式中　$S_{特}$——特征时段雨量。

(4) 临界雨量初值确定。降雨临界曲线是由不同降雨过程中产生的临界点连接形成的，使山洪流量等于特征流量的降雨即为降雨临界点。由于特征时段雨量是某时段某个频率的最大降雨量，因此特征时段雨量为临界线上的起始点，此时对应的场次累积雨量最小。在这个基础上，根据建模的原理即可求出参数 a 和 b 的值。然后绘制雨量临界曲线图，在图上即可找出不同临界雨量的初值。

2.3.3 土壤饱和度—降雨量关系法

虽然上述关于中小河流山洪预警指标（山洪预警临界雨量）的方法研究，取得了一定的成绩，也为建立中小河流山洪预警提供了许多行之有效的方法，但这些研究中所提及的山洪预警临界雨量，在严格意义上均属于静态临界雨量，即没有考虑山洪发生前的流域土壤含水量饱和度；而山洪的流量大小除了与累积降雨量和降雨强度有关外，还和流域内土壤前期影响雨量指数 API（或土壤的饱和程度）密切相关。如果流域内土壤较湿，降水产生的入渗少，则易形成地表径流；反之，当流域内土壤较干旱，（在未达到超渗产流条件前）一旦降雨就会渗入土壤，流域内产生的地表径流相对较小。因此，在确定山洪临界雨量指标时，应考虑流域的土壤含水量饱和度，给出不同初始土壤含水量饱和度条件下的临界雨量值，即动态临界雨量方法。在此方面的研究，刘志雨等分析了国内外山洪预警预报技术的最新进展，提出了以分布式水文模型为基础，建立了以动态临界雨量为预警指标的山洪预警预报方法。美国水文研究中心研制的 FFG 系统，所采用的就是考虑土壤初始含水量的动态临界雨量方法。国内外的相关研究表明，动态临界雨量方法相对于静态临界雨量方法效果更优。

土壤饱和度—降雨量关系法对资料要求较高，包括水文、降雨、土壤饱和度等，而土壤饱和度往往不易获得。

2.3.3.1 土壤含水量饱和度计算

利用考虑土壤 API 的动态临界雨量法确定研究区域的临界雨量值。首先要求出各降雨时段前土壤的前期影响雨量，其次确定流域的土壤饱和度并和相应的降雨量绘制为 x—y 散点图，以土壤饱和度为 x 轴，相应的降雨量为 y 轴。以 6h 雨量为例，分别求出前 24h 中 6h 最大雨量及该 6h 最大雨量发生之前的土壤饱和度。

以此类推，分别求出 1h、3h、12h、24h 的最大雨量发生前的土壤饱和度。首先计算

流域各山洪中对应降雨时段（1h、3h、6h、12h、24h）的土壤前期雨量，前期土壤含水量计算公式为

$$P_{a_{t+1}}=K(P+P_{a_t}) \tag{2-15}$$

式中　$P_{a_{t+1}}$——当天的前期影响雨量；

P_{a_t}——前一天的前期影响雨量；

K——折减系数；

P——前一天降雨量。

土壤含水量饱和度计算公式为

$$土壤含水量饱和度=土壤含水量/I_{\mathrm{m}}$$

式中　I_{m}——土壤张力水容量。

2.3.3.2　确定动态临界雨量指标

计算出土壤饱和度后，将流域的土壤饱和度和最大累计雨量值绘制为 x—y 散点图，然后根据洪水过程是否超过警戒流量，将洪水过程划分为超警和未超警两大类，并采用基于最小均方差准则的 W-H（Widrow-Hoff）算法，对洪水过程中的土壤含水饱和度和最大 6h 累计雨量组合进行分类，具体方法如下：

首先，确定不同土壤含水量饱和度及其相应的最大 6h 累计雨量组合对应的流量是否超过警戒流量。

其次，以流量是否超过警戒流量为标准，将不同的土壤含水量饱和度和其相应的最大 6h 累计雨量组合划分为超过警戒流量和未超警戒流量两大类。

再次，以最小均方差为准则，采用 W-H 算法，对上段中的二元分类问题进行线性划分，并建立土壤含水量饱和度和相应的动态临界雨量的线性关系，作为山洪预警动态临界雨量的判别函数。

最后，利用山洪预警判别函数，根据不同土壤的含水饱和度，计算 6h 山洪所对应的临界雨量。若 6h 降雨量超过临界雨量，则进行山洪预警。

同样的，可以通过对 1h、3h、12h 和 24h 的累计雨量及其对应的土壤含水量饱和度的分析，得到 1h、3h、12h 和 24h 时间尺度的动态临界雨量山洪预警判别函数。

对于临界警戒雨量线的确定，首先计算流域内的平均降雨，结合同一时期流域的流量资料，确定警戒流量，从而反推出相应的降雨，分别选出流量超过警戒流量时对应的平均雨量，选出在洪峰出现之前 1h、3h、6h、12h、24h 的降雨量，然后按“最大中取最小”的原则，选取导致流量超过警戒流量的最小降雨量作为临界警戒雨量。

通过基于最小均方差准则的 W-H 算法，得出在不同土壤含水饱和度下的时间尺度动态临界雨量预警判别函数。

若随着时间尺度的增大，预警判别函数的斜率逐渐增大，说明随着时间尺度增大，以相同土壤含水量为初始条件，降水过程持续的越久，在一定的时间和空间内土壤蓄水量就越多，因此山洪暴发的临界雨量受土壤含水量的影响越大。随着时间尺度的增加，土壤含水量达到饱和继而出现产流，满足山洪暴发的条件，符合流域产汇流规律和实际情况。

得到精确度较好、分类质量较高的临界警戒雨量线后，通过计算相应饱和度下的临界

雨量，并统计不同土壤饱和度（25%、50%、75%）下的各临界警戒雨量线。

2.3.3.3 动态临界雨量指标分析

本节研究的动态临界雨量指标主要是利用实测水文观测资料建立的。但在实际情况中，可以综合考虑实测资料与预报资料相结合，将其应用到山洪预警业务中，并且在预报累积降雨量和实测雨量资料的基础上，将其与动态临界雨量指标进行分析比较，从而判断该区域山洪灾害是否达到预警值，最终达到延长山洪预报预警预见期的目的。目前，我国的降水预报已有较高的精细化程度和准确率，实际应用中，不仅可以根据降雨实况进行预警判断，也可以在降雨发生前根据降水预报进行预警判断，这样可将山洪预报的预见期再延长几个小时甚至更长时间，可争取更多的山洪灾害防御应急反应时间。

2.4 计算方法评估

2.4.1 实测资料分析法

（1）需要比较复杂与全面的小流域水文气象、河道特征、地形地貌、水系分布等资料，因此只能在资料比较齐全的小流域中使用，推广范围有限。

（2）由于水文站、雨量站等大部分分布在大江大河附近，在小流域中水文气象站等数量有限，因此利用这种方法，计算精度不高。

（3）这种方法没有考虑土壤含水量，仅仅考虑了降雨，有一定的局限性。

（4）这种方法仅仅是对资料进行统计分析，并没有对降雨、产流汇流等进行剖析，有一定的局限性。

（5）存在两个假定：对下垫层进行假定，认为下垫层的分布相同，一个地方发生洪水，其他的地方也会产生山洪；对降雨进行假定，认为降雨的空间分布相同，在同一个区域，降雨同时发生，而且时段的最大与最小雨量一一对应，只是不同的降雨，位置分布不同。

2.4.2 水位—流量反推法

（1）需要的资料比较简单，仅仅需要山洪灾害预警地点的断面地形资料、设计洪水、设计暴雨。断面地形资料通过简单的测量即可获得，设计洪水和设计暴雨通过水文手册或者暴雨图集等基础资料也可获取，分析方法采用最为基础的水文计算即可，因此推广范围比较大。

（2）没有考虑土壤含水量，忽略了前期雨量的影响，仅仅考虑了降雨条件，认为在同一个时间段的预警雨量不变，有一定的局限性。

（3）存在一个假定：认为暴雨和洪水的频率相同。

2.4.3 临界雨量曲线法

（1）所需资料与水位—流量反推法相近，但是比其更加详细，除此还需要历史上的暴雨洪水调查资料以及和山洪相关的历史文献资料，流域汇流时间历时的降雨雨型序列等。推广范围比较广。

（2）这种方法具有一定的物理基础，只需关键的数据比较齐全即可。

2.4.4 比拟法

（1）对资料的要求尺度较高，需要目标区域和参考区域的水文气象、地形地貌等比较详细的信息。应用时，只需数据齐全便可借助经验分析法解决。

（2）目标区域和参考区域的相似性要求比较高，很难保证，因此这种方法要慎用，推广价值有限。

2.4.5 分布式水文模型法

（1）资料要求比较高，在水位—流量反推法的基础上，还需要历史上的暴雨洪水调查资料以及和山洪相关的历史文献资料；0.5h、1h、3h、6h、12h和24h的最新的暴雨等值线图以及暴雨等值线参数图等，并且对主流域与支流域的资料要求都比较高。

（2）适用于所有的山洪威胁地区，而且可以在宏观和微观多方面应用。微观程度可以到达具体的沿河村落和重要集镇。

（3）考虑了各种土壤含水量和预警时间的临界雨量计算，并且输出结果是比较直观的图形，便与观测。随着近年来我国山洪调查工作的深入，相关资料比较齐全。因此这种方法是未来临界的雨量算法的发展方向，推广价值比较大。

在我国大陆地区，气候条件、地质地貌、植被土壤种类丰富，降雨、水文等基础性资料丰富程度不一，有的地方甚至严重匮乏。因而，现有山洪灾害临界雨量的确定方法种类繁多，考虑因素各有差异。简单归纳可将现有临界雨量计算方法主要分为经验方法和理论方法两大类。经验方法无明显的物理机理和推导过程，对资料要求不高，主要根据事件相关性、地理条件相似性等原则确定山洪灾害临界雨量指标，主要包括统计归纳法、灾害实例调查法、内插法、比拟法、灾害与降雨同频率法，其中后4种方法主要在无资料或资料较为缺乏的地区使用；统计归纳法通过对不同雨量站历次灾害资料进行统计分析，计算得到临界雨量，该法按范围不同又可分为单站临界雨量法、区域临界雨量法等。理论方法以山洪灾害形成的水文学、水力学过程为基础，具有较强的物理机制和推导过程，主要包括水位反推法、土壤饱和度—降雨量关系法、暴雨临界曲线法等。根据研究区域雨量站资料情况，又可以将临界雨量计算方法归结为两大类：一是资料条件好的区域或流域临界雨量计算；二是资料缺乏和无资料区域或流域临界雨量计算。对于资料条件好的区域或流域，山洪灾害临界雨量计算方法简便、直观、易行且成果合理可靠，但对于雨量站点稀少或缺乏雨量资料的区域，流域临界雨量分析计算难度大。

第3章　流域模型反推法确定雨量预警指标

流域模型法是一种常用的计算设计暴雨洪水的水文模型方法，采用双曲正切模型进行产流计算，综合瞬时单位线进行汇流计算。流域模型反推法是把水文模型与流量反推法相结合而得到的一种新方法。

3.1　设计暴雨计算过程

设计暴雨计算所涉及的小流域指沿河村落控制断面以上流域或以其下游不远处为出口的完整集水区域。在进行计算工作前，应当确定暴雨历时、暴雨频率及设计雨型，之后通过设计点雨量、设计面雨量以及设计暴雨时程分配等步骤，即可得到设计暴雨计算成果，以《山西省水文计算手册》中的流域模型法为例，介绍其整个过程。

3.1.1　基础资料确定

1. 暴雨历时确定

结合《水文手册》的计算方法，确定计算暴雨历时为10min、60min、6h、24h和3d 5种。

2. 暴雨频率确定

在山洪灾害分析评价中，假定设计洪水与设计暴雨同频率，因而设计暴雨的频率就是后续设计洪水分析中设计洪水的频率。确定设计暴雨频率为100年一遇、50年一遇、20年一遇、10年一遇、5年一遇5种。

3. 设计雨型确定

根据小流域的地理位置，按照《水文手册》，确定小流域所在的水文分区，直接采用《水文手册》中相应水文分区主雨日24h雨型模板为设计雨型。北区、西区、中区、东区主雨日24h雨型查用表见表3-1～表3-4。

表3-1　　北区主雨日24h雨型查用表

时程/h	0～1	1～2	2～3	3～4	4～5	5～6	6～7	7～8	8～9	9～10	10～11	11～12
$(\Delta H/S_p)$%												100
$[\Delta H/(H_{6h}-S_p)]$%											18	
$[\Delta H/(H_{24h}-H_{6h})]$%	2	2	1	1	2	4	1	5	25	11		
排位序号	(19)	(18)	(23)	(21)	(17)	(16)	(24)	(15)	(7)	(8)	(4)	(1)

续表

时程/h	12～13	13～14	14～15	15～16	16～17	17～18	18～19	19～20	20～21	21～22	22～23	23～24
$(\Delta H/S_p)\%$												
$[\Delta H/(H_{6h}-S_p)]\%$	36	19	13	14								
$[\Delta H/(H_{24h}-H_{6h})]\%$					6	7	1	2	7	9	9	5
排位序号	(2)	(3)	(6)	(5)	(13)	(12)	(22)	(20)	(11)	(10)	(9)	(14)

表 3－2　　西区主雨日 24h 雨型查用表

时程/h	0～1	1～2	2～3	3～4	4～5	5～6	6～7	7～8	8～9	9～10	10～11	11～12
$(\Delta H/S_p)\%$												
$[\Delta H/(H_{6h}-S_p)]\%$										15	17	26
$[\Delta H/(H_{24h}-H_{6h})]\%$	1	1	3	7	5	5	6	6	12			
排位序号	(23)	(24)	(19)	(11)	(16)	(17)	(15)	(14)	(8)	(5)	(4)	(3)
时程/h	12～13	13～14	14～15	15～16	16～17	17～18	18～19	19～20	20～21	21～22	22～23	23～24
$(\Delta H/S_p)\%$	100											
$[\Delta H/(H_{6h}-S_p)]\%$		27	15									
$[\Delta H/(H_{24h}-H_{6h})]\%$				13	11	6	6	7	5	2	2	2
排位序号	(1)	(2)	(6)	(7)	(9)	(13)	(12)	(10)	(18)	(20)	(21)	(22)

表 3－3　　中区主雨日 24h 雨型查用表

时程/h	0～1	1～2	2～3	3～4	4～5	5～6	6～7	7～8	8～9	9～10	10～11	11～12
$[\Delta H/S_p]\%$												100
$[\Delta H/(H_{6h}-S_p)]\%$										13	24	
$[\Delta H/(H_{24h}-H_{6h})]\%$	2	3	3	4	6	7	8	9	10			
排位序号	(24)	(21)	(22)	(18)	(14)	(13)	(10)	(9)	(7)	(6)	(3)	(1)
时程/h	12～13	13～14	14～15	15～16	16～17	17～18	18～19	19～20	20～21	21～22	22～23	23～24
$(\Delta H/S_p)\%$												
$[\Delta H/(H_{6h}-S_p)]\%$	30	19	14									
$[\Delta H/(H_{24h}-H_{6h})]\%$				10	8	7	5	4	4	4	4	2
排位序号	(2)	(4)	(5)	(8)	(11)	(12)	(15)	(16)	(19)	(17)	(20)	(23)

表 3－4　　东区主雨日 24h 雨型查用表

时程/h	0～1	1～2	2～3	3～4	4～5	5～6	6～7	7～8	8～9	9～10	10～11	11～12
$(\Delta H/S_p)\%$												
$[\Delta H/(H_{6h}-S_p)]\%$												26
$[\Delta H/(H_{24h}-H_{6h})]\%$	3	3	3	5	5	6	5	6	7	11	11	
排位序号	(20)	(22)	(23)	(18)	(17)	(13)	(15)	(14)	(9)	(8)	(7)	(2)

续表

时程/h	12～13	13～14	14～15	15～16	16～17	17～18	18～19	19～20	20～21	21～22	22～23	23～24
$(\Delta H/S_p)$%	100											
$[\Delta H/(H_{6h}-S_p)]$%		24	22	15	13							
$[\Delta H/(H_{24h}-H_{6h})]$%						7	5	7	7	4	3	2
排位序号	(1)	(3)	(4)	(5)	(6)	(10)	(16)	(12)	(11)	(19)	(21)	(24)

3.1.2 计算步骤

设计暴雨计算中主要包括设计点雨量、设计面雨量、设计暴雨时程分配3个步骤。

1. 设计点雨量

（1）有资料地区。有资料地区需采用直接法推求设计点暴雨，采用计算机约束准则适线与专家经验相结合的综合适线方法，并利用暴雨公式参数约束5种历时频率曲线之间的距离，使之相互间隔合理，最终确定单站不同历时暴雨的统计参数均值、C_v、C_s/C_v（暴雨C_s/C_v值统一采用3.5）。

（2）无资料地区。

1）设计暴雨参数查算。根据《水文手册》中的成果图表和计算方法，查算设计暴雨参数，包括定点暴雨均值$\overline{H}$和变差系数C_v、偏态系数和变差系数比值C_v/C_s、模比系数K_P和点面折减系数。

定点个数选用表见表3-5。由定点暴雨均值$\overline{H}$和变差系数C_v根据小流域面积，按照表3-5确定定点个数；根据《水文手册》中暴雨参数等值线分布情况，确定定点位置。

表3-5　定点个数选用表

流域面积/km²	<100	100～300	300～500	500～1000
点数	1～2	2～3	3～4	4～5

在《水文手册》不同历时的"暴雨均值等值线图"和"C_v等值线图"中查得各定点的暴雨均值$\overline{H}$和变差系数C_v。偏态系数和变差系数比值C_s/C统一取用3.5。模比系数K_P在《水文手册》中查得。点面折减系数可表示为

$$\eta_P(A,t_b)=\frac{1}{1+CA^N} \tag{3-1}$$

式中　A——小流域面积，km²；

C、N——经验参数，根据小流域所在水文分区，在定点定面关系参数查用表（表3-6）中查得。

2）设计点雨量的计算。计算设计点雨量为

$$H_p=K_p\overline{H} \tag{3-2}$$

$$H^o_{p,A}(t_b)=\sum_{i=1}^{n}[c_iH_{p,i}(t_b)] \tag{3-3}$$

式中　H_p——每个定点各标准历时t_b的设计雨量；

K_p——设计点雨量模比系数，在《水文手册》附表Ⅰ-2中查得；

c_i——每个定点各自控制的部分面积占小流域面积 A 的权重；

$H_{p,i}(t_b)$——每个定点各标准历时 t_b 的设计雨量，mm。

$H^o_{p,A}(t_b)$是同频率、等历时各定点设计雨量在小流域面积 A 上的平均值。

表 3-6　　定点定面关系参数查用表

区域	历时	参数	设计暴雨频率/%												
			均值	0.01	0.1	0.2	0.33	0.5	1	2	3.3	5	10	20	25
北区	10min	C	0.0483	0.0370	0.0393	0.0402	0.0411	0.0419	0.0434	0.0454	0.0460	0.0477	0.0506	0.0545	0.0560
		N	0.4897	0.5364	0.5192	0.5123	0.5065	0.5009	0.4909	0.4782	0.4719	0.4602	0.4406	0.4148	0.4046
	60min	C	0.0647	0.0327	0.0356	0.0368	0.0381	0.0388	0.0407	0.0431	0.0448	0.0473	0.0520	0.0588	0.0616
		N	0.3245	0.5049	0.4831	0.4746	0.4661	0.4613	0.4491	0.4343	0.4241	0.4092	0.3839	0.3497	0.3360
	6h	C	0.0317	0.0208	0.0219	0.0223	0.0227	0.0229	0.0236	0.0243	0.0249	0.0257	0.0271	0.0292	0.0301
		N	0.3824	0.5262	0.5097	0.5033	0.4966	0.4931	0.4837	0.4725	0.4647	0.4533	0.4338	0.4069	0.3958
	24h	C	0.0338	0.0144	0.0159	0.0166	0.0172	0.0176	0.0186	0.0199	0.0208	0.0222	0.0249	0.0289	0.0307
		N	0.2829	0.5265	0.4993	0.4886	0.4780	0.4718	0.4564	0.4378	0.4249	0.4058	0.3730	0.3272	0.3083
	3d	C	0.0142	0.0064	0.0070	0.0072	0.0074	0.0075	0.0081	0.0083	0.0086	0.0091	0.0101	0.0117	0.0125
		N	0.3402	0.5840	0.5596	0.5498	0.5388	0.5346	0.5168	0.5031	0.4910	0.4729	0.4408	0.3936	0.3729
西区	10min	C	0.0557	0.0373	0.0394	0.0403	0.0412	0.0417	0.0422	0.0446	0.0456	0.0471	0.0497	0.0530	0.0543
		N	0.3878	0.4977	0.4831	0.4774	0.4720	0.4686	0.4655	0.4514	0.4451	0.4361	0.4212	0.4017	0.3944
	60min	C	0.0667	0.0402	0.0429	0.0439	0.0450	0.0457	0.0459	0.0493	0.0507	0.0528	0.0565	0.0618	0.0641
		N	0.3062	0.4446	0.4277	0.4211	0.4148	0.4108	0.4085	0.3902	0.3824	0.3712	0.3521	0.3266	0.3164
	6h	C	0.0239	0.0239	0.0240	0.0240	0.0243	0.0239	0.0239	0.0239	0.0238	0.0237	0.0236	0.0233	0.0233
		N	0.3677	0.4792	0.4666	0.4617	0.4562	0.4541	0.4472	0.4389	0.4333	0.4250	0.4107	0.3906	0.3820
	24h	C	0.0098	0.0212	0.0201	0.0196	0.0195	0.0188	0.0181	0.0171	0.0165	0.0155	0.0138	0.0114	0.0105
		N	0.3911	0.4520	0.4437	0.4406	0.4363	0.4360	0.4320	0.4274	0.4245	0.4204	0.4140	0.4065	0.4037
	3d	C	0.0087	0.0187	0.0177	0.0172	0.0172	0.0165	0.0158	0.0150	0.0144	0.0136	0.0121	0.0100	0.0092
		N	0.3613	0.4337	0.4253	0.4222	0.4176	0.4175	0.4133	0.4085	0.4053	0.4007	0.3933	0.3831	0.3788
中区+东区	10min	C	0.0441	0.0524	0.0520	0.0514	0.0515	0.0507	0.0502	0.0495	0.0492	0.0481	0.0469	0.0450	0.0444
		N	0.4227	0.4105	0.4102	0.4114	0.4102	0.4120	0.4124	0.4135	0.4137	0.4155	0.4173	0.4204	0.4213
	60min	C	0.0456	0.0512	0.0506	0.0504	0.0504	0.0499	0.0495	0.0490	0.0487	0.0482	0.0473	0.0461	0.0457
		N	0.3652	0.3739	0.3723	0.3718	0.3709	0.3710	0.3705	0.3701	0.3693	0.3686	0.3675	0.3662	0.3656
	6h	C	0.0156	0.0254	0.0242	0.0237	0.0237	0.0230	0.0223	0.0213	0.0209	0.0201	0.0187	0.0168	0.0161
		N	0.4398	0.4188	0.4201	0.4206	0.4206	0.4216	0.4228	0.4257	0.4251	0.4269	0.4303	0.4355	0.4381
	24h	C	0.0116	0.0151	0.0137	0.0135	0.0135	0.0133	0.0132	0.0127	0.0128	0.0126	0.0122	0.0117	0.0115
		N	0.3704	0.4460	0.4485	0.4450	0.4450	0.4396	0.4345	0.4334	0.4243	0.4178	0.4062	0.3894	0.3819
	3d	C	0.0047	0.0088	0.0077	0.0075	0.0075	0.0073	0.0070	0.0066	0.0066	0.0063	0.0058	0.0052	0.0049
		N	0.4472	0.4862	0.4934	0.4912	0.4912	0.4877	0.4845	0.4873	0.4779	0.4741	0.4672	0.4571	0.4533

2. 设计面雨量

设计面雨量为

$$H_{p,A}(t_b)=\eta_p(A,t_b)\times H_{p,A}^o(t_b) \tag{3-4}$$

式中 $H_{p,A}(t_b)$——标准历时为 t_b、设计标准为 p、面积为 A 的设计面雨量，mm；

$H_{p,A}^o(t_b)$——设计点雨量的小流域平均值，mm。由式（3-3）计算；

$\eta_p(A,\ t_b)$——设计暴雨点—面折减系数，由式（3-1）计算。

计算不同历时的设计雨量，结果填入“设计暴雨成果表”，可表示为

$$H_p(t)=\begin{cases}S_p t^{1-n},\lambda\neq 0\\ S_p t^{1-n_s},\lambda=0\end{cases}\quad 0\leqslant\lambda<0.12 \tag{3-5}$$

$$n=n_S\frac{t^{\lambda}-1}{\lambda\ln t} \tag{3-6}$$

式中 n——双对数坐标系中设计暴雨历时—强度关系曲线的坡度；

n_S——双对数坐标系中设计暴雨历时—强度关系曲线 $t=1$h 时的斜率；

S_p——设计雨力，即 1h 设计雨量，mm/h；

t——暴雨历时，h；

λ——经验参数。

3. 设计暴雨时程分配

将各频率时段雨量采用时段雨量序位法进行时程分配，结果填入“设计暴雨时程分配表”。

设计暴雨时程分配要根据确定的设计雨型和时段雨量计算成果，将各频率时段雨量分配到以流域汇流时间为历时的雨型。考虑到小流域面积较小，汇流时间较短，时程分配的历时选用 6h 即可涵盖汇流时间，若小流域汇流时间超过 6h，则需适当增加时程分配的历时。

利用时段雨量序位法计算时段雨量的表达式为

$$\Delta H_{p,j}=H_p(t_j)-H_p(t_{j-1}),j=1,2,\cdots,t_0=0 \tag{3-7}$$

式中 j——表 3-1～表 3-4 中主雨日排位序号。

依次用式（3-7）计算出逐时段雨量，求得逐时段雨型。

3.2 产流计算过程

3.2.1 设计净雨深

1. 方法介绍

设计净雨深用双曲正切模型计算，其公式

$$R_p=H_{p,A}(t_z)-F_A(t_z)\cdot\mathrm{th}\left[\frac{H_{p,A}(t_z)}{F_A(t_z)}\right] \tag{3-8}$$

式中 th——双曲正切运算符；

t_z——设计暴雨的主雨历时，h；

$H_{p,A}(t_z)$ ——设计暴雨的主雨雨量，mm；

R_p——设计净雨深，mm；

$F_A(t_z)$ ——主雨历时内的流域可能损失，mm。

流域可能损失 $F_A(t_z)$ 可表示为

$$F_A(t_z)=S_{r,A}(1-B_{0,P})t_z^{0.5}+2K_{S,A}t_z \tag{3-9}$$

式中 $S_{r,A}$——流域包气带充分风干时的吸收率，反映流域的综合吸水能力，mm/h$^{1/2}$；

$K_{S,A}$——流域包气带饱和时的导水率，mm/h；

$B_{0,P}$——设计频率的流域前期土湿标志（流域持水度），由设计洪水流域前期持水度 $B_{0,P}$查用表（表3-7）查取。

表3-7　　设计洪水流域前期持水度 $B_{0,P}$ 查用表

频率	<0.33%	0.33%	1%	2%	5%	10%	>10%
$B_{0,P}$	0.63	0.63	0.61	0.58	0.54	0.50	0.50

多种产流地类组成的复合地类流域，其吸收率和导水率分别根据各种地类的面积权重加权计算，可表示为

$$S_{r,A}=\sum c_i \cdot S_{r,i} \quad i=1,2,\cdots \tag{3-10}$$

$$K_{S,A}=\sum c_i \cdot K_{S,i} \quad i=1,2,\cdots \tag{3-11}$$

式中 $S_{r,i}$——单地类包气带充分风干时的吸收率，mm/h$^{1/2}$；

$K_{S,i}$——单地类包气带饱和时的导水率，mm/h，从山西省单地类风干流域吸收率 S_r 及饱和流域导水率 K_S 查用表（表3-8）中查用；

c_i——某种地类面积占小流域总面积的权重。

表3-8　　山西省单地类风干流域吸收率 S_r 及饱和流域导水率 K_S 查用表

地　类	参　数					
	S_r			K_S		
	最大值	最小值	一般值	最大值	最小值	一般值
灰岩森林山地	43.0	28.0	35.5	4.10	2.60	3.35
灰岩灌丛山地	35.0	26.0	30.5	3.50	2.30	2.90
耕种平地	27.0	27.0	27.0	1.90	1.90	1.90
灰岩土石山区	25.0	23.0	24.0	1.80	1.60	1.70
砂页岩森林山地	23.0	23.0	23.0	1.50	1.50	1.50
变质岩森林山地	22.0	22.0	22.0	1.45	1.45	1.45
黄土丘陵阶地	21.0	21.0	21.0	1.40	1.40	1.40
黄土丘陵沟壑区	20.0	20.0	20.0	1.30	1.30	1.30
砂页岩土石山区	19.0	19.0	19.0	1.25	1.25	1.25
砂页岩灌丛山地	18.0	18.0	18.0	1.20	1.20	1.20
变质岩土石山区	17.0	17.0	17.0	1.15	1.15	1.15
变质岩灌丛山地	16.0	16.0	16.0	1.10	1.10	1.10

2. 计算步骤

(1) 计算主雨历时 t_z 与主雨雨量 $H_{p,A}(t_z)$。主雨历时 t_z 可表示为

$$S_p \frac{1-n_s t_z^{\lambda}}{t_z^n}=2.5, n=n_S \frac{t_z^{\lambda}-1}{\lambda \ln t_z} \tag{3-12}$$

求解主雨历时 t_z 可以采用数值解法，也可以采用图解法。

图解法计算时，令

$$f(t)=\frac{1-n_s t^{\lambda}}{t^n}S_p \tag{3-13}$$

在普通坐标系中绘制 $f(t)$—t 曲线，然后在纵标上截取 $f(t)=2.5$ 的点 A，过 A 点作水平线，交 $f(t)$—t 曲线于 P 点，P 点的横标即为主雨历时 t_z，主雨历时 t_z 图解法示意如图 3-1 所示。

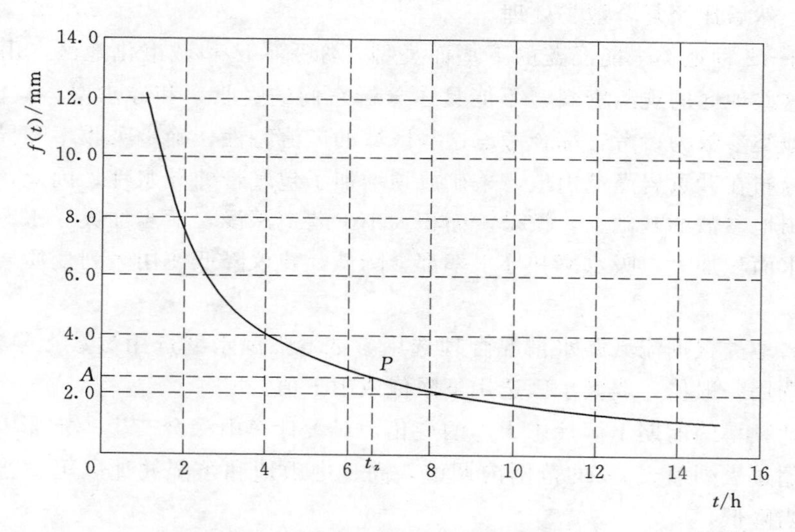

图 3-1　主雨历时 t_z 图解法示意图

主雨雨量 $H_p(t_z)$ 表达式为

$$\begin{aligned} H_p(t_z)&=s_p t_z^{\ 1-n} \\ n&=n_S \frac{t_z^{\lambda}-1}{\lambda \ln t_z} \end{aligned} \tag{3-14}$$

(2) 通过野外查勘调查，参考当地水文计算手册中水文下垫面产流地类图，量算各种产流地类面积。

(3) 根据流域下垫面，从表 3-8 中合理选用相应的单地类吸收率 S_r 及导水率 K_S，然后分别根据各种地类的面积权重按式 (3-10) 及式 (3-11) 加权计算流域的吸收率 $S_{r,A}$ 和导水率 $K_{S,A}$。

(4) 从表 3-7 查出相应频率的流域持水度 $B_{0,P}$，连同 $S_{r,A}$、$K_{S,A}$ 和 t_z 代入式 (3-9)，计算流域可能损失 $F_A(t_z)$。

(5) 根据设计主雨面雨量 $H_{p,A}(t_z)$ 及流域可能损失 $F_A(t_z)$，用式 (3-8) 计算设计洪水净雨深 R_p。

3. 注意事项

在使用双曲正切模型时，合理定量三个参数值 $B_{0,P}$、$S_{r,A}$和 $K_{S,A}$对模型模拟的效果至关重要，应该缜密考虑，切不可简单从事。

(1) 工程设计应重视流域查勘，对《水文手册》所附水文下垫面地类图进行核实，必要时应作调整。

(2) 在盆地，地下水位埋深对吸收率影响较大，但缺乏这方面的观测资料，无法做系统分析，表列值仅适用于地下水位埋深比较大的区域，地下水位埋深较小时，应适当减小吸收率的取值。

(3) 对于广阔低缓山坡，且覆盖有薄层黄土或黄土斑状分布、基岩零散出露的土石山区，有条件的应该设法确定（包括估计）黄土、基岩露头各自占流域面积的权重，将其分解为单地类，然后比照复合地类处理。

(4) 对于12种地类未能涵盖的下垫面类型，如采矿区和城市化地区，由于现实水文站网中没有这些地区的观测资料，不能具体分析它们的吸收率和导水率，只能以12种地类中的某种地类参数为参考，综合考虑这些区域的产流特性，确定吸收率和导水率。煤矿开采区主要分布在砂页岩灌丛山地，采矿放顶增加了包气带的导水性，因此，建议在表列砂页岩灌丛山地参数的基础上，按采矿面积大小、巷道深浅，适当加大导水率。城市化地区由于不透水面积加大，吸水率和导水率都会降低，建议降低使用表列变质岩灌丛山地参数值。

(5) 灰岩地类根据流域漏水情况合理选用参数，强漏水区选用参数上限值或中上值，中等漏水区选用一般值，弱漏水区选用下限值或中下值。

(6) 设计频率的前期土湿标志 $B_{0,P}$的变化，对设计净雨深会产生一定影响。实际应用时可以在不超过表列值±5%的范围内调整，高、中山地和半湿润地区可适当提高，半干旱地区可适当降低。

3.2.2 设计净雨过程

设计净雨过程采用变损失率推理扣损法计算。

具体计算步骤如下：

(1) 由图解法求解产流历时 t_c。然后计算 R_p

$$R_p=\begin{cases} n_S S_{p,A} t^{1+\lambda-n}, \lambda\neq 0 \\ n_S S_{p,A} t^{1-n_S}, \lambda=0 \end{cases}$$

$$n=n_S\frac{t^{\lambda}-1}{\lambda \ln t} \tag{3-15}$$

式中 R_p——用双曲正切模型计算的场次洪水设计净雨深，mm。

用图解法求解产流历时的步骤是

令

$$f(t)=\begin{cases} n_S S_{p,A} t^{1+\lambda-n}, \lambda\neq 0 \\ n_S S_{p,A} t^{1-n_S}, \lambda=0 \end{cases}$$

$$n=n_S\frac{t^\lambda-1}{\lambda\ln t} \tag{3-16}$$

在普通坐标系中绘制 $f(t)—t$ 的关系曲线，在 $f(t)$ 轴上截取 $OR=R_p$ 做水平线，与 $f(t)—t$ 曲线交点的横坐标即为产流历时 t_z，产流历时 t_c 图解法示意如图 3-2 所示。$R_{1\%}$ 表示频率为 1%时的设计净雨深。

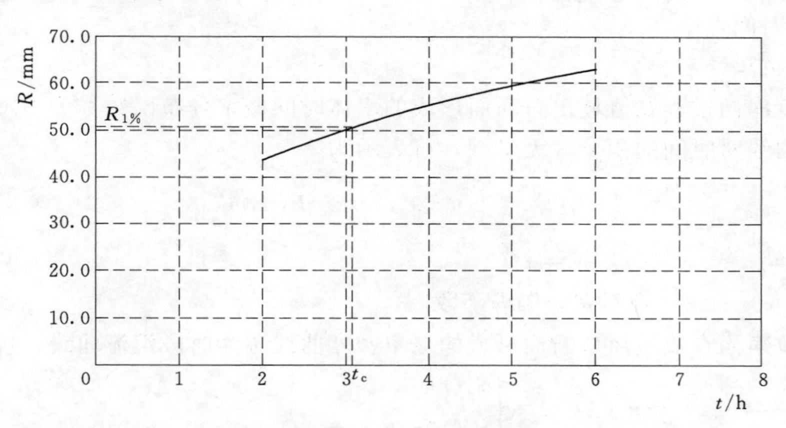

图 3-2　产流历时 t_c图解法示意

（2）损失率 μ 的表达式为

$$\left.\begin{aligned}\mu&=(1-n_S t_c^\lambda)S_{p,A}\cdot t_c^{-n}\\ n&=n_S\frac{t_c^\lambda-1}{\lambda\ln t_c}\end{aligned}\right\} \tag{3-17}$$

（3）时段净雨及净雨过程表达式为

$$\Delta h_{p,j}=h_p(t_j)-h_p(t_{j-1}) \tag{3-18}$$

$$h_p(t)=H_{p,A}(t)-\mu t,t\leqslant t_c \tag{3-19}$$

式中　Δh_p——设计时段净雨深，mm；

j——时雨型“模板”中的序位编号；

t_{j-1}——j 时段的开始时刻。

（4）把计算出的时段净雨按序位编号安排在设计雨型“模板”中的相应序位位置，即得净雨过程。

3.3　汇流计算过程

流域模型法汇流计算采用综合瞬时单位线。

3.3.1　方法介绍

瞬时单位线将流域汇流过程假设为由 n 个等效线性水库串联体对水流的调蓄过程。把瞬时作用于流域上的单位净雨水体在流域出口断面形成的时间概率密度分布曲线称为瞬时汇流曲线。把单位净雨乘以瞬时汇流曲线称为瞬时单位线。

瞬时汇流曲线可表示为

$$u_n(0,t)=\frac{1}{k\Gamma(n)}\left(\frac{t}{k}\right)^{n-1}e^{-\frac{t}{k}} \tag{3-20}$$

式中　n——线性水库个数；

k——一个线性水库的调蓄参数，h；

t——时间，h；

$\Gamma(n)$——伽玛函数。

单位强度净雨过程在流域出口断面形成的水体时间概率分布函数称为 $S_n(t)$ 曲线，它是瞬时汇流曲线对时间的积分，无量纲，可表示为

$$\left.\begin{aligned}S_n(t) &= \int_0^t u_n(0,t)\mathrm{d}t = \Gamma(n,m)\\ m &= t/k\end{aligned}\right\} \tag{3-21}$$

式中　$\Gamma(n,\ m)$——n 阶不完全伽玛函数。

时段单位净雨在流域出口断面形成的概率密度曲线称为时段汇流曲线，可表示为

$$u_n(\Delta t,t)=\begin{cases}S_n(t) & 0\leqslant t\leqslant \Delta t\\ S_n(t)-S_n(t-\Delta t) & t>\Delta t\end{cases} \tag{3-22}$$

流域出口断面的洪水过程根据时段净雨序列与时段汇流曲线用卷积公式表示为

$$Q(i\Delta t) = \sum_{j=1}^{M} u_n[\Delta t,(i+1-j)\Delta t]\frac{\Delta h_j}{3.6\Delta t}A,0\leqslant i+1-j\leqslant M,j=1,2,\cdots,M \tag{3-23}$$

式中　Δt——计算时段，h；

Δh——时段净雨深，mm；

A——小流域面积，km^2；

M——净雨时段数。

单位换算系数取为3.6。

3.3.2　参数确定

瞬时单位线有两个参数，一个是线性水库个数 n，另一个是线性水库的调蓄参数 k。两者的乘积 m_1（$m_1=nk$）称为瞬时汇流曲线的滞时。它的物理意义是瞬时汇流曲线形心的时间坐标即一阶原点矩，也是单位时段净雨的重心到时段汇流曲线形心的时距。因此，瞬时单位线的两个参数置换成 n 和 m_1，k 可表示为

$$k=m_1/n$$

参数 n 可表示为

$$n=C_{1,A}(A/J)^{\beta_1} \tag{3-24}$$

$$C_{1,A}=\sum a_i C_{1,i},i=1,2,\cdots \tag{3-25}$$

式中　A——小流域面积，km^2；

J——主沟道坡度，‰；

$C_{1,A}$——复合流域汇流地类参数；

$C_{1,i}$——单汇流地类参数；

β_1——经验性指数；

a_i——某种地类的面积权重，以小数计。

m_1 的计算公式为

$$m_1 = m_{\tau,1}(\overline{i_\tau})^{-\beta_2} \tag{3-26}$$

$$m_{\tau,1} = C_{2,A}(L/J^{\frac{1}{3}})^{\alpha} \tag{3-27}$$

$$C_{2,A} = \sum a_i \cdot C_{2,i}, i=1,2,\cdots \tag{3-28}$$

$$\overline{i_\tau} = \frac{Q_p}{0.278A} \tag{3-29}$$

式中 $\overline{i_\tau}$——τ 历时平均净雨强度，mm/h；

τ——汇流历时，h；

$m_{\tau,1}$——$\overline{i_\tau}=1$mm/h 时瞬时单位线的时滞，h；

Q_p——设计洪峰流量，m^3/s；

L——主沟道长度，km；

$C_{2,A}$——复合流域汇流地类参数；

$C_{2,i}$——单汇流地类参数；

α、β_2——经验性指数。

单汇流地类参数 $C_{1,i}$、$C_{2,i}$ 和经验性指数 α、β_1、β_2 从综合瞬时单位线参数查用表（表 3－9）中查用。

表 3－9　综合瞬时单位线参数查用表

汇流地类	参数					
	$C_{1,i}$	β_1	β_2	$C_{2,i}$一般取值	$C_{2,i}$范围	α
森林山地	1.357	0.047	0.190	2.757	2.050～2.950	0.397
灌丛山地	1.257			1.530	1.200～1.770	
草坡山地	1.046			0.717	0.710～0.950	
黄土丘陵	1.000			0.620	0.580～0.700	

3.3.3　计算步骤

（1）通过野外查勘，参考当地水文计算手册中水文下垫面汇流地类图，量算各种汇流地类面积，计算出各种汇流地类面积占流域面积的权重 a_i。在进行野外查勘时，除了注意面上的植被分布状况，还应该观察河道的清洁程度及河床质组成、两岸形势等，以便合理选用参数 $C_{2,i}$。

（2）用式（3－24）计算参数 n；用式（3－27）计算 $m_{\tau,1}$。

（3）用交点法求解 τ 历时平均净雨强度$\overline{i_\tau}$。步骤是：假设一组$\overline{i_\tau}$，可由式（3－29）求得一组 Q_p；再由式（3－26）求得一组 m_1；由 $k=m_1/n$ 可得一组 k；由式（3－21）计算或查当地水文计算手册得一组 $S_n(t)$ 曲线；由式（3－22）得一组时段汇流曲线 $u_n(\Delta t, t)$；

由式（3-23）得一组洪峰流量Q'_p。在普通坐标系中绘制$Q_p—\overline{i_\tau}$曲线与$Q'_p—\overline{i_\tau}$曲线，两条曲线交点的横坐标即为τ历时平均雨强$\overline{i_\tau}$。

（4）用求解出的τ历时平均雨强$\overline{i_\tau}$，由式（3-26）计算m_1；由$k=m_1/n$计算k；由式（3-21）计算$S_n(t)$曲线；由式（3-22）推算时段汇流曲线$u_n(\Delta t, t)$；由式（3-20）推算设计洪水过程线。

3.3.4 注意事项

（1）当小流域面积较小（小于$100km^2$），且流域坡降大，流程短时，计算时段宜采用0.5h或0.25h。

（2）在同一种地质、地貌条件下，$C_{2,i}$值反映着流域植被的好与差，植被好或较好者，应选用表列数值的上限值或中上值；植被差或较差者，应选用下限值或中下值。河道规整、顺直者，宜选用下限值或中下值；密布灌丛、遍见巨石者，应选用上限或中上值。

3.4 成灾水位及成灾流量

3.4.1 成灾水位的确定

在山洪灾害评价中，成灾水位的确定具有十分重要的现实意义。在控制断面水位—流量关系曲线上，利用成灾水位可以推求警戒流量，警戒流量是推求雨量预警指标的一个重要前提，此外，在流量—频率曲线上根据警戒流量又可以推求发生洪水灾害的频率，即可确定发生洪水灾害的重现期，也就确定了该地的现状防洪能力。成灾水位通过对比临河一侧居民户高程和沿河村落河段水面线确定，具体方法如下：

（1）根据水面线数据，划定1%频率下设计洪水的淹没范围。

（2）将该淹没范围内所有居民户投影到河道纵断面上，绘制居民住户所在地高程与该重现期设计洪水水面线对比示意图（图3-3），居民住户所在地低于水面线即代表被淹没，为危险户；居民住户所在地高于水面线即代表未被淹没，是安全户。图3-3中以该居民住户所在地高程为成灾水位。

（3）与水面线落差最大的居民住户所在地高程即为成灾水位，该居民住户所在地的横断面即为控制断面。

如果沿河村落河道两侧或一侧有堤防，则成灾水位需要根据现场实际调查结果，选取堤防防洪能力最薄弱位置的断面做控制断面，堤防的高程即出槽水位，该出槽水位即为成灾水位。以山西省B村为例，其有14年的防洪堤坝，则堤坝线以下居民在堤坝防洪能力年限内安全。其居民住户所在地高程与水面线对比示意图如图3-4所示。

3.4.2 警戒流量的确定

1. 控制断面的水位—流量关系确定

在山洪灾害评价中，设计暴雨洪水分析计算的重要目的之一就是获取防灾对象所在控

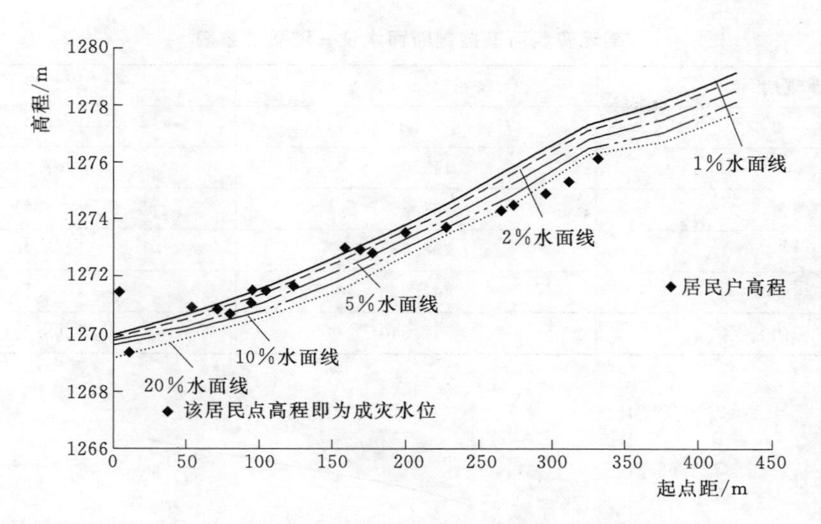

图 3-3　A村居民住户所在地高程与水面线对比示意图

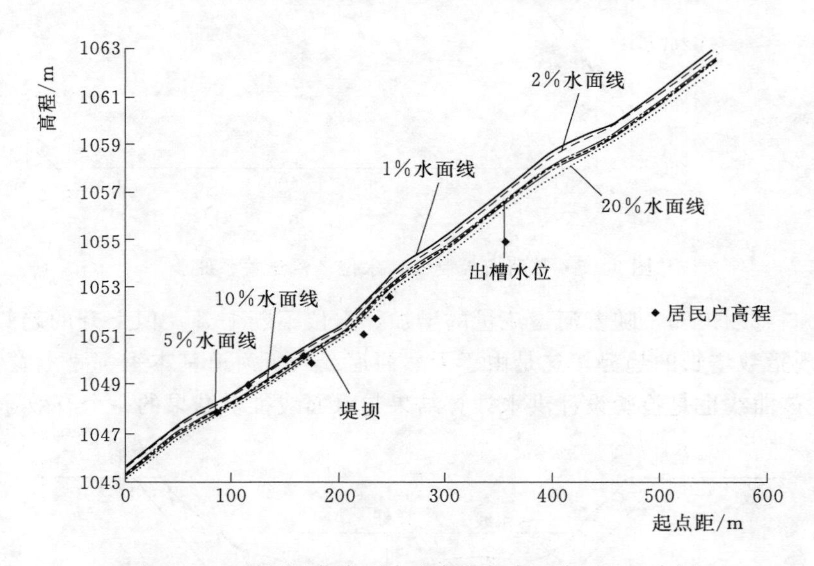

图 3-4　B村居民住户所在地高程与水面线对比示意图

制断面的水位—流量关系曲线。水位—流量关系曲线在水文学和水力学中都具有极其重要的地位。利用该曲线，可以在已知水位的条件下求得流量；也可以在已知流量的条件下求得水位。山洪灾害评价工作中，便是在确定成灾水位之后，利用该曲线求得警戒流量。

控制断面确定后，如果无实测资料，则根据各重现期的洪峰流量与控制断面各频率的水面线确定控制断面的水位—流量关系，如有实测资料或成果，应优先采用实测资料确定水位—流量关系曲线。某无资料河道控制断面水位—流量关系见表 3-10，该表中包含了 5 年一遇、10 年一遇、20 年一遇、50 年一遇、100 年一遇 5 个重现期的洪峰流量和其对应的水位，再加上流量为 0 时对应的水位是控制断面的深泓点高程这一数据，便可确定该控制断面水位—流量关系曲线，如图 3-5 所示。

表 3-10　　某无资料河道控制断面水位—流量关系表

重现期/年	流量/($m^3 \cdot s^{-1}$)	水位/m
0	0	1266.85
5	112.066	1267.84
10	187.734	1268.21
20	298.437	1268.40
50	441.526	1268.58
100	547.540	1268.71

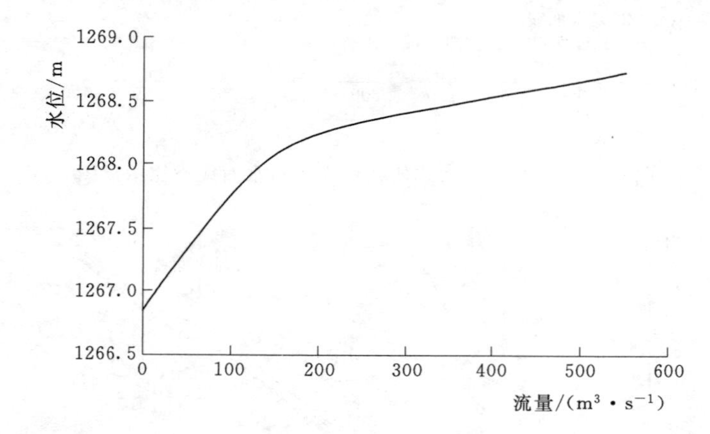

图 3-5　某河道控制断面水位—流量关系曲线

由图 3-5 可以得知，随着河道流量的增加，水位不断上升，但上升的趋势越来越小，曲线基本呈现指数增长的趋势。这是由于天然河道或人工河道基本上都是上宽下窄型（图 3-6），因此该曲线也是检验设计洪水计算结果与水面线推求结果的一个有效途径。

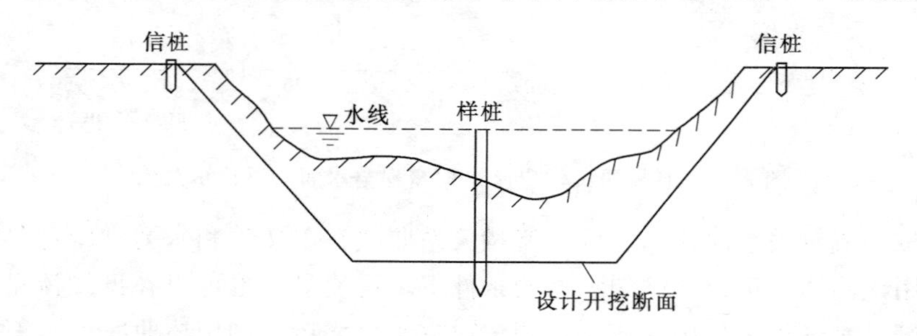

图 3-6　河道横断面示意图

2. 插值法确定警戒流量

根据已确定的成灾水位，在控制断面的水位—流量关系曲线中，即可查出警戒流量。具体步骤为：在 Excel 表格中制作坐标轴，横坐标为流量，取值范围为 0 到警戒流量，纵坐标为水位。取横坐标为警戒流量，纵坐标为深泓点高程到成灾水位。已知成灾水位，通过调节警戒流量，使水平线和竖直线交点落在水位—流量关系线上，便可以确定警戒流量，即当发生洪水灾害时，达到最危险居民户的成灾水位所对应的洪峰流量则为警戒流量，如图 3－7 所示。

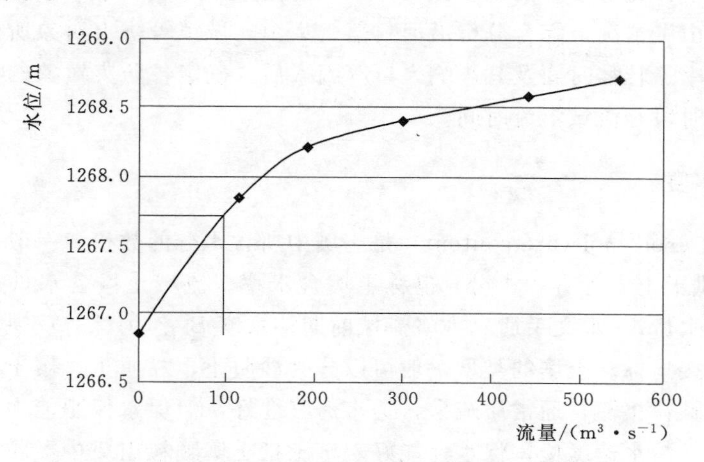

图 3－7　水位—流量关系曲线中警戒流量

3.5　预警时段与土壤持水度

3.5.1　预警时段

预警时段指雨量预警指标中采用的最典型降雨历时，是雨量预警指标的重要组成部分。受防灾对象上游集雨面积大小、降雨强度、流域形状及其地形地貌、植被、土壤含水量等因素的影响，预警时段会发生变化。预警时段临界指标系数概念，直观地反映灾害易发程度，为无资料地区小流域山洪灾害防治工作提供指导依据。根据预警对象所在地区暴雨特性、流域面积大小、平均比降、形状系数、下垫面情况等因素，确定比汇流时间短的其他更短历时的预警时段。

预警时段可从 0.5h、1h 至数小时至十几小时不等。根据《暴雨洪水查算手册》查算其相关参数，采用推理公式法，经量算和分析，得知流域汇流时间约为 5h。由于长历时临界雨量对小流域山洪预警实际指导意义不大，通常以 0.5h、1h、2h、3h、6h 及流域汇流时间 τ 作为预警时段，为了尽可能延长山洪预警的预见期，有时还考虑长度为 12h 的预警时段。

（1）最长时段确定：可以将流域汇流时间作为预警指标的最长时段，为了获得更长的预见期，也可以在流域汇流时间的基础上适当延长。

（2）典型时段确定：对于小于最长时段的典型时段的确定，根据查询相关规定的资料，即根据防灾对象所在地区暴雨特性、流域面积大小、平均比降、形状系数、下垫面情况等因素，确定比汇流时间小的短历时预警时段，如 0.5h、1h、3h 等，一般选取 2～3 个典型预警时段。对于最小预警时段，考虑到南北方气候条件和下垫面的巨大差异，根据相关要求规定：南方湿润地区的最小预警时段可选为 1h，北方干旱地区，由于暴雨强度大以及超渗产流突出等特性，最小预警时段可选为 0.5h。

（3）综合确定：充分参考前期基础工作成果的流域单位线信息，结合流域暴雨、下垫面特性以及历史山洪情况，综合分析沿河村落、集镇、城镇等防灾对象所处河段的河谷形态、洪水上涨速率、转移时间及其影响人口等因素后，确定各防灾对象的各个典型预警时段，从最小预警时段至流域汇流时间。

3.5.2 土壤持水度

土壤含水量（soil moisture content）是土壤中所含水分的数量。一般是指土壤绝对含水量，即100g烘干土中含有的水分，也称土壤含水率。流域土壤含水量是指在该流域的土壤中所含有的水量，《水文手册》中将流域前期持水度 B_0 作为综合反映流域土壤含水量或土壤湿度的间接指标。土壤的类型一般可以分为沙质土、黏质土、壤土三种类型。砂质土的含沙量多，颗粒粗糙，通常质疏松，透水透气性好，但保水保肥能力差。黏质土含沙量少，颗粒细腻，渗水速度慢，保水性能好。壤土指土壤颗粒组成中黏粒、粉粒、砂粒含量适中的土壤。质地介于黏土和砂土之间，兼有黏质土和砂土的优点，通气透水、保水保温性能都较好。前期持水度作为设计洪水计算产汇流分析的重要参数之一，对设计洪水过程以及洪峰流量的计算有重要的意义，进一步影响山洪灾害预警指标值的分析计算。当前期持水度比较低时，在一定的降雨条件下，地表所形成的径流较小，山洪灾害发生的概率相应降低；相对的，当前期持水度比较高时，山洪灾害发生的概率相应增高。因此，受灾区域前期持水度是反映本地区土壤特性的重要参数指标，随着前期持水度的变化，预警指标计算值也相应发生变化。山西省左云县前期持水度主要是根据大同市水文局的相关资料分析确定的，前期持水度选取0、0.3以及0.6三种，分别代表土壤较干、一般以及较湿。

3.6 流域模型反推法计算临界雨量

在确定了危险流量以及产汇流分析方法后，就可以计算不同流域前期持水度 B_0 下各典型时段的危险区临界雨量。B_0 取值为0、0.3和0.6，分别代表土壤湿度较干、一般和较湿3种情况。具体计算步骤为：假设第2h～第6h的最大降雨总量初值为 H。根据设计雨型（《山西省水文计算手册》中的北区主雨日24h雨型模板为设计雨型），分别计算出最大第2h～最大第6h的最大降雨量 $P'_2 \sim P'_6$。

计算得到不同暴雨参数下第1h～第6h的最大降雨总量值 $H_1 \sim H_6$ 及第2h～第6h的最大降雨量 $P_2 \sim P_6$。每小时雨量可以表示为

$$H_p(t)=\begin{cases}S_p \cdot t^{1-n}, \lambda\neq 0\\ S_p \cdot t^{1-n_s}, \lambda=0\end{cases} \quad 0\leqslant\lambda<0.12 \tag{3-30}$$

$$n=n_S\,\frac{t^{\lambda}-1}{\lambda\ln t} \tag{3-31}$$

式中 n——双对数坐标系中设计暴雨时—强关系曲线的坡度；

n_S——双对数坐标系中设计暴雨时—强关系曲线 $t=1$h时的斜率；

S_p——设计雨力，即1h设计雨量，mm/h；

t——暴雨历时，h；

λ——经验参数。

根据表 3-11 中的暴雨参数取值范围，可以得到多组 $P_2 \sim P_6$，将每组 $P_2 \sim P_6$ 与 $P'_2 \sim P'_6$ 进行比较，误差平方和最小的那组 $P_2 \sim P_6$ 所用参数即为所要求的暴雨参数。

表 3-11　暴雨参数取值范围

暴雨参数	取值范围	精度
S_p	$P_2 \sim 100$	0.1
n_S	0.01～1	0.01
λ	0.001～0.12	0.001

根据所求暴雨参数值，用式（3-30）和式（3-31）可以计算最大第 1h～最大第 6h 的雨量；根据设计雨型，得到典型时段内每小时的雨量 $H_{p(1)}$，$H_{p(2)}$，…，$H_{p(6)}$。

使用双曲正切产流模型与单位线流域汇流模型进行产汇流分析，计算典型时段内各个小时降雨所形成的洪峰流量 Q_m。

如果 $|Q_m - Q| > 1m^3/s$，则用二分法重新假设 H，其中 Q 为成灾水位对应危险流量。

重复上述过程，直到 $|Q_m - Q| \leqslant 1m^3/s$ 时，典型时段内各小时的降雨总量即为临界雨量。

3.7 综合确定预警指标

根据《山洪灾害分析评价大纲》和《山洪分析评价技术要求》，雨量预警等级规定分为“立即转移”和“准备转移”两级，对应的雨量值分别为“转移雨量”和“警戒雨量”。

1. 立即转移指标

由于临界雨量是从成灾水位对应流量的洪水推算得到的，因此在数值上定义临界雨量为立即转移指标。

2. 准备转移指标

预警时段为 0.5h 时，准备转移指标为立即转移指标×0.7。

预警时段为 1h、1.5h、2h、2.5h、3h、3.5h、4h、4.5h、5h、5.5h、6h 和汇流时间时，前 0.5h 的立即转移指标即为该预警时段的准备转移指标。

除此之外雨量预警指标的确定还需要考虑防灾对象地理位置、河谷形态、预警响应时间等因素。

3.8 合理性分析

合理性分析是预警指标成果校核的重要内容，可采用以下方法，进行预警指标的合理性分析：

（1）与当地山洪灾害事件实际资料对比分析，即用实际事件的资料进行预警指标的合理性检查。

（2）将多种方法的计算结果进行对比分析，以尽量避免因某一种方法的不确定性而产生的较大偏差。

（3）与流域大小、气候条件、地形地貌、植被覆盖、土壤类型、行洪能力等因素相近或相同防灾对象的预警指标成果进行比较和分析，即采用比拟的思想，对预警指标成果进行合理性检查。

此外，由于雨量预警指标分析是从洪水到降雨的反算过程，因此，应注意分析反算过程产生误差的主要因素及注意的问题，以保证成果的合理性。具体表现如下：

（1）防灾对象成灾水位确定要具有代表性。

（2）降雨径流计算时注意合理地选择产流、汇流、演进各个环节的算法与参数值。

第4章 水位预警指标的确定

山洪灾害水位预警指标的确定主要是结合分析一定距离内小流域沿河村落上游的水位站水位，将该水位站水位用作山洪灾害预警指标的方式。根据小流域沿河村落控制断面成灾流量对应的成灾水位，推算位于上游水位站相应的水位，作为预警临界水位。从时间的角度考虑，结合防灾预案，留给山洪从水位站开始流经所对应沿河村落的时间应不小于30min，否则会由于预警时间短而来不及进行转移工作。因此应针对适合条件的沿河村落分析水位预警。

4.1 水位预警指标

水位预警是通过分析防灾对象所在地上游一定距离内典型地点的洪水位，将该洪水位作为山洪预警指标的方式。根据预警对象控制断面成灾水位，推算上游水位站的相应水位，作为临界水位进行预警。留给山洪从水位站演进至下游预警对象的时间不应小于30min。可见，水位预警方式具有两个条件：

(1) 根据下游预警对象控制断面成灾水位推算上游某地的相应水位，该水位是临界水位。

(2) 从时间上讲，留给山洪从水位站演进至下游预警对象的时间应不小于30min，否则会因时间太短失去预警的意义。

临界水位的分析，常采用水面线推算和适合山洪的洪水演进方法。临界水位可以通过上下游相应水位法进行分析。相应水位法是一种简易、实用的水文预报方法。在这种方法中，洪水波上同一位相点（如起涨点、洪峰、波谷）通过河段上下断面时表现出的水位，彼此称相应水位，从上断面至下断面所经历的时间称为传播时间。该方法根据河道洪水波运动原理，分析洪水波上任一位相点的水位在水位值与传播速度上的变化规律，即研究河段上、下游断面相应水位间和水位与传播速度之间的定量规律，建立相应关系，据此进行预报。

4.2 临界水位计算

临界水位指下游的沿河村落成灾流量对应成灾水位在上游水位站上相应的流量水位。目前临界水位计算方法主要有两种：①水面线推算法，即根据水面线求得水位—流量关系曲线，进而求得临界水位；②利用曼宁公式，直接计算控制断面水位—流量关系曲线，然后求临界水位。由于水位站控制断面形状不规则，曼宁公式计算难度大，目前主要采用水面线推算法。采取“同频推同频”方法，根据沿河村落的成灾频率推求水位站的成灾流量，再根据水位站水位—流量关系曲线求得临界水位。

4.2.1 设计洪水计算

设计洪水是水利水电工程及流域规划工作防洪安全设计所依据的各种标准洪水的总称。设计洪水是确定水利工程建设规模及制定运行管理策略的重要依据。推求设计洪水的途径和方法是随着资料信息的积累、计算理论技术的提高、工程建设和运行经验的增加以及人们对洪水规律认识的不断深化而逐步发展和完善的。推求设计洪水的方法很多，根据研究区域水文资料的状况，主要分为有资料地区设计洪水计算和无资料地区设计洪水计算两种，山洪灾害预警预报主要针对山丘地区，这些地区大多资料匮乏，因此设计洪水计算主要选用根据设计暴雨计算设计洪水的方法。按照暴雨洪水的形成过程，推求设计洪水可分三步进行。

（1）推求设计暴雨。用频率分析法求不同历时指定频率的设计雨量及暴雨过程。通过查找各地《暴雨图集》资料，得到水位站的暴雨典型历时的变差系数以及暴雨均值；结合得到的变差系数以及各历时的暴雨均值，根据不同的保证率，计算各个标准历时的设计点雨量；依据点面折减系数的计算方法，进一步计算各个标准历时的设计面雨量，确定设计暴雨计算指标值。

（2）推求设计净雨。设计暴雨扣除损失就是设计净雨，采用双曲线的产流模型计算设计净雨量。

（3）推求设计洪水。应用单位线法等对设计净雨进行汇流计算，即得流域出口断面的设计洪水过程。

计算出各个设计频率对应的设计洪水后，即可绘制水位站流量频率曲线图，再根据水位站下游危险村落的成灾频率，利用插值法在水位站流量频率关系图中得到水位站的临界流量，该临界流量表示当水位站流量超过这一数值时，其下游沿河村落会发生灾害。

4.2.2 水面线计算

河道是水流经过的通道，河道整治是最原始、最古老的治水工程措施之一，是按照河道演变规律，因势利导，改善水流流态、泥沙运动、生态环境，以适应防洪、航运、供水等国民经济建设要求的工程措施。另外，由于生产建设需要，常常需要在河道中修建桥梁、码头、拦水堰等涉水工程项目。为了保证工程及河道的运行安全，河道设计水面线的确定是工程设计的主要内容之一。特别在山洪灾害评价中，水面线的推求是所有一切评价工作的基础。水面线是描述水面变化的一条线，比如在大坝溢流时，顺着坝轴线的方向观测就可以看出水面是一条平滑的曲线，这个曲线就是水面线。水力学中水面指人工渠道或天然河道纵向水面线，它是同一时刻沿渠道或河道的水位连线。渠道或河道在某一流量下的水面曲线可通过实际量测或理论计算得到。在工程设计过程或山洪灾害评价中，采用传统的恒定流推算方法得出的河道设计水面线，与采用河道非恒定流数学模型计算的成果存在显著差异，通常后者明显低于前者。

水面线计算的常用方法有图解法、简易计算方法及逐段式算法等。传统的河道水面线推算方法，如图解法、简易计算法是以河道设计流量，根据控制断面设计水位，按照能量守恒的原理进行计算。即假定河道水流是按照设计流量和控制断面设计水位恒定流动的，可以称为恒定流推算方法。图解法需要查图，效率较低，精度受主观影响较大；简易计算法常用于水库回水曲线等快速粗估计算，河道水面线推求很少采用。

逐段式算法也可以称为数模法，精度较高，且能利用计算机技术进行计算模拟，适用性广。其原理是根据非恒定流计算原理，采用数学模型计算方法来计算河道水面线（数模计算的水面线均指河道各断面最高水位的连线，不一定同时出现），是目前逐步被人们所接受的一种通用方法，特别是在平原河网地区应用更为广泛。根据实际工程经验，逐段式算法在推求平原区缓流河道时，基本没有问题，但在推求山洪沟的急流水面线时，往往由于断面流速过大而导致能量方程不收敛，致使推算过程终止。因此，山区急流河道的水面线推求工作往往成为困扰工程设计者的主要问题。

前人通过对“天然河道水面线系统”的研究认为，逐段式算法仅适用于缓流，不适用于急流，但通过对各种目前使用的水面线求解软件对比研究，可以较为合理地解决这一问题，下边的内容会有具体介绍。综合考虑各种因素，在工程实际应用中，一般采用逐段试算法进行水面线推求。

值得注意的是，在恒定流情况下，3 种方法推算的河道水面线完全一致，并且水面线形状也完全符合传统水力学中的形态。当来水流量和控制断面水位不恒定的情况下，由数学模型方法（逐段试算法）计算确定的水面线均明显低于传统恒定流法推算成果，表明传统恒定流法推算成果是安全的，也是明显保守的。针对水位、流量均不恒定的情况，最大流量与最高水位的组合对计算成果影响较大，很多学者建议采取多方案组合分析计算然后取上包线为宜。在本书中，由于山洪评价灾害工作量较大，且目前计算水面线的软件或模型被广泛应用，因此采用水面线软件计算水面线数据。

根据沿河村落断面的实际情况，基于能量平衡方程和曼宁公式，采用美国陆军工程兵团水文工程中心开发的河流模拟分析软件（HEC - RAS）对灵丘县 21 个小流域 77 个沿河危险村落在设计频率洪水下的水面线进行计算，并对有防洪堤、桥梁、涵洞等涉水建筑物的水面线进行合理分析，生成各沿河村落每个横断面的形态图、流量及水位过程曲线、河道三维断面图等分析图表。

HEC - RAS 软件水面线推求原理主要采用以下方法。

1. 恒定流

恒定流计算基于一维能量方程，采用直接步进法推求水面线，基本公式为

$$z_1+\frac{\alpha_1 v_1^2}{2g}=z_2+\frac{\alpha_2 v_2^2}{2g}+h_r+h_j \tag{4-1}$$

$$\Delta z=z_1-z_2=h_r+h_j+\Delta h_v \tag{4-2}$$

式中 z_1、z_2——上、下游断面相应水位；

α_1、α_2——上、下游断面流速系数，山区河流一般取 1.5～2.0，或根据相关经验公式计算；

v_1、v_2——上、下游断面平均流速；

h_r、h_j——上、下游断面之间的沿程水头损失、局部水头损失；

h_v——上、下游断面的流速水头之差。

2. 非恒定流

非恒定流计算基于一维连续性方程和动量方程，可以表示为

$$\frac{\partial \rho_w}{\partial l}+\frac{\partial(\rho_w v_i)}{\partial x_i}=0 \tag{4-3}$$

$$\frac{\partial v_i}{\partial l}+v_j\frac{\partial v_i}{\partial x_j}+\frac{\partial p}{\partial x_i}=f_i+\nu\frac{\partial^2 v_i}{\partial x_i \partial x_j} \tag{4-4}$$

式中 ρ_w——水的密度；

v_i、v_j——断面流速；

x_i、x_j——断面距离；

p——水的压力；

f_i——断面质量力；

ν——流体的运动黏滞系数。

4.2.3 水位—流量关系曲线的确定

由3.2.2节可知，在山洪灾害评价中，设计暴雨洪水分析计算的重要目的之一就是获取防灾对象所在控制断面的水位—流量关系曲线。水位—流量关系曲线在水文学和水力学中都具有极其重要的地位。利用该曲线，可以在已知水位的条件下求得流量；也可以在已知流量的条件下求得水位。

3.2.2节详细介绍了控制断面水位—流量关系曲线的确定方法。同样利用插值法，在水位—流量关系曲线中，根据水位站临界流量可以计算水位站的临界水位。

4.3 综合确定预警指标

(1) 立即转移指标：临界水位即为水位预警的立即转移指标。

(2) 准备转移指标：将临界水位减去0.3m作为水位预警的准备转移指标。

第 5 章　预警指标确定案例分析

本章以某县 M 流域为例进行工程实例分析。

5.1　区域概况

某县位于山西省东北边陲，大同市东南角，全县南北长 84km，东西宽 66km，县域总面积 2732km²。县内地貌类型复杂，山区面积大，境内河流大都短小，基流量不大，流域面积小。全县主要河流有 12 条，11 条属海河流域大清河水系，只有直峪河属永定河水系。按出县境流向又分为两个支系：一系以唐河为主要干流，由唐河及其支流赵北河、华山河、大东河、塌涧河、泽水河、上寨河、干峪河 8 条河组成，在县境东南马头关汇合后，汇入大清河；另一系以冉庄河为主干，由冉庄河、独峪河 2 条河组成，经西南端花塔村出境后汇入大沙河。另外下关河由县西南出境汇入大沙河，直峪河从柳科乡发源汇入壶流河。本县河流均属山溪性河流，具有山地型和夏雨型特征，枯水流量小，洪水流量大。夏季洪水暴涨暴落，最大洪峰多出现在 7—8 月，最小流量则一般在 4—5 月。河道纵坡差异很大，南部山区大于北部山区。途中各条河流均有清泉水补给，较大的清泉水点有 47 个，流量总计为 5.11m³/s。灵丘县属温带大陆中性气候，主要气候特征为四季分明、冬长夏短、寒冷期长、雨热同季、季风强盛。春季干旱多风沙；夏季炎热，雨量较集中；秋季短暂，天气多晴朗；冬季较长，寒冷少雪。全县气候分布差异较大。该县主要河流唐河多年平均天然径流量为 1.16 亿 m³/s，河水基流量为 2.41m³/s。全县多年平均气温 6.9℃，极端最高值 37.9℃，极端最低值－30.7℃。无霜期一般在 150 天左右，最长 189 天，最短 132 天。各界限积温差大，高于 10℃的在 15.79℃左右，低于 10℃的在 3.26℃左右。多年蒸发量 1032mm，最高 2161mm。全县多年均降水量 414.2mm，但各年降水量变化很大，最高为 1964 年的 614.6mm，最少为 1985 年的 218.2mm。同时一县之内各地降水量也有差异，分布极其不均，一般年份，山地降水多于平川。由于冬夏季风交替，一年之内降水分布尤其不均，一般集中在 7、8、9 三个月。春季占全年的 11.1%，夏季占 67.6%、秋季占 19.6%，冬季占 1.6%。年平均降雨日数 85 天，最多 120 天，最少 65 天。本县全年平均日照时数为 2928.4h。年主导风向为西北偏北风，一般 4～5 级，平均风速 2.4m/s，最大风速 21m/s。由于气候特点所致，素有“十年九旱、年年春旱”之说。

山西省北部的 M 流域，地处黄土高原地区。流域的面积为 156.79km²，主沟道长度为 21.10km，比降（水面水平距离内垂直尺度的变化）为 27.50‰，流域内河流自东北向西南流动，地貌以变质岩灌丛山地和黄土丘陵阶地为主。其包括 A 村、B 村、C 村、D 村、E 村、F 村、G 村、H 村、I 村、J 村、K 村和 L 村 12 个村。其流域图如图 5－1 所示。

图 5-1　某县 M 流域图

由于 M 流域内流量资料和雨量资料严重匮乏，故选择无资料地区设计暴雨推求设计洪水的计算方法，通过查找当地暴雨图集资料，计算设计暴雨数据，再根据双曲正切模型计算设计净雨量，最终得到 M 流域内各个沿河村落 5 个设计频率的设计洪水成果表，见表 5-1。

表 5-1　　　　某县 M 流域各频率设计洪水成果表

序号	村落名称	集水面积/km^2	设计洪水/($m^3 \cdot s^{-1}$)				
			5 年一遇	10 年一遇	20 年一遇	50 年一遇	100 年一遇
1	A 村	4.2	25.9	38.1	50.3	65.5	76.8
2	B 村	16.23	102	149	195	255	298
3	C 村	19.81	75.1	114	154	206	246
4	D 村	60.25	80.8	119	158	207	243
5	E 村	9.38	63.8	91.1	118	152	178
6	F 村	75.77	498	712	922	1182	1373
7	G 村南	1.11	13.7	18.7	23.4	29.4	33.8
	G 村西	1.43	16.4	22.5	28.3	35.7	41.1
8	H 村	16.69	114	162	210	269	314
9	I 村	2.69	28.2	37.9	47.3	59	67.6
10	J 村	3.75	20.2	27.8	35.2	44.2	50.8
11	K 村	130.3	271	424	591	811	973
12	L 村	137.9	243	395	556	758	910

5.2 成灾流量及成灾频率计算

各个沿河村落成灾频率是通过成灾流量及流量频率曲线求得，成灾流量是通过成灾水位和水位流量关系曲线求得。因此，确定成灾流量和成灾频率的前提是确定各个沿河村落的成灾水位，成灾水位根据沿河村落各个频率的水面线与居民点高程确定。

1. A村村落概况

A村位于M流域，控制断面以上流域面积为4.2km^2，河长为4.00km，比降为73.00‰，河宽为30～50m，两岸有坝，坝高为1.5m，全村有465户，人口为1174人。居民沿河居住。

A村河床为卵石，河道较顺直，断面形状比较规整，河的两岸为石块，部分河段有乱石堆砌的护坡，且坡度较大。综合分析确定A村河段主槽糙率为0.034，滩地糙率为0.036。

(1) 各频率设计水面线推求。利用流域模型法计算的各单元不同频率设计洪峰流量成果推求其对应河段的水面线，A村居民户高程与水面线对比示意图如图5-2所示。

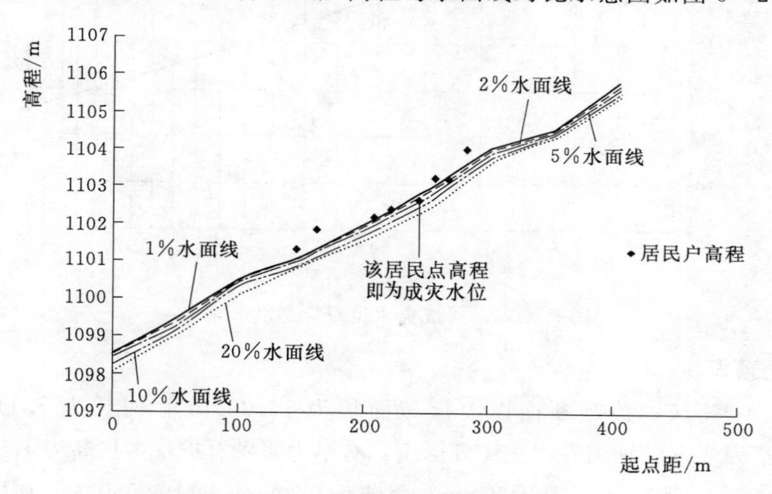

图5-2 A村居民户高程与水面线对比示意图

(2) 水位流量关系计算。控制断面水位流量关系由5个频率的设计洪水流量与相应洪水水位绘制而成，从这条曲线上可以利用成灾水位反推其对应的流量。A村控制断面水位—流量关系曲线如图5-3所示。

(3) 成灾水位对应频率的确定。根据水位流量关系推求成灾水位对应的洪峰流量，再用插值法在流量频率曲线中确定该流量对应的频率，换算成重现期，即为该沿河村落的现状防洪能力。

A村成灾水位对应的洪水频率如图5-4所示。由图5-4可以得出，A村的现状防洪能力重现期为11.4年。

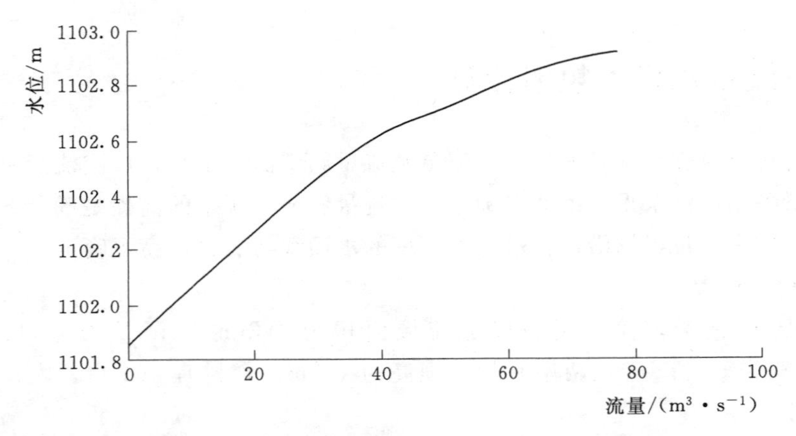

图 5-3 A村控制断面水位流量关系曲线图

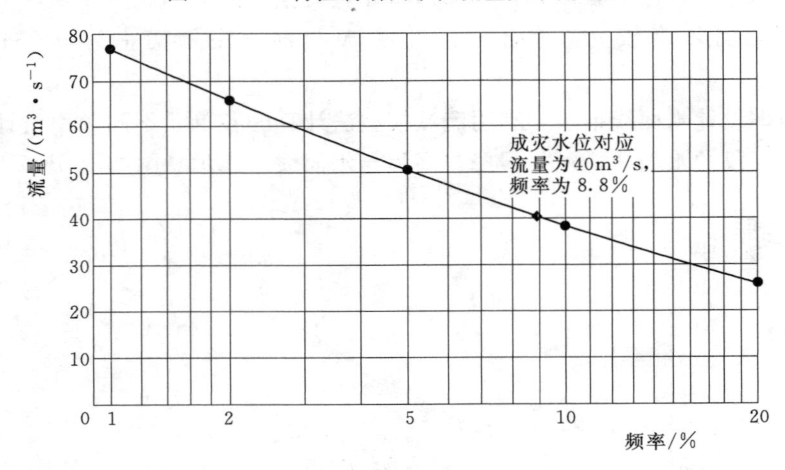

图 5-4 A村成灾水位对应的洪水频率

2. B村村落概况

B村位于M流域，控制断面以上流域面积为16.23km²，河长为7.11km，比降为19.00‰，河宽为23m，河道左岸为108国道，右岸为浆砌石护坎，坎高为1.5m，村中间有一座桥，长为23m、宽为7m、高为2.5m。全村有167户，人口为580人。居民沿河居住。

B村河道较顺直，断面形状比较规整，但是河的两岸有树木和杂草，河床主要有碎石和沙土。综合分析确定B村河段主槽糙率为0.024，滩地糙率为0.032。

(1) 各频率设计水面线推求。利用流域模型法计算的各单元不同频率设计洪峰流量成果推求其对应河段的水面线，B村居民户高程与水面线对比示意图如图5-5所示。B村危险居民户高程位于20%水面线之下，由于B村有15年的防洪堤坝，因此堤坝水面线以下居民在堤坝防洪能力年限内安全，由于其防洪能力在15～20年之间，因此B村属于高危险区。

(2) 水位流量关系计算。控制断面水位流量关系由5个频率的设计洪水流量与相应洪水水位绘制而成，从这条曲线上可以利用成灾水位反推其对应的流量。B村控制断面水位—流量关系曲线图如图5-6所示。

(3) 成灾水位对应频率的确定。根据水位流量关系推求成灾水位对应的洪峰流量，再

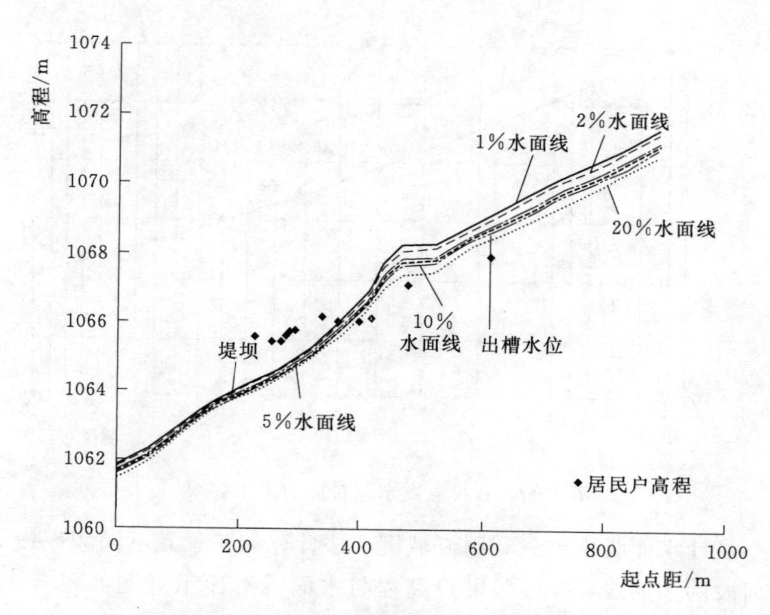

图 5-5　B村居民户高程与水面线对比示意图

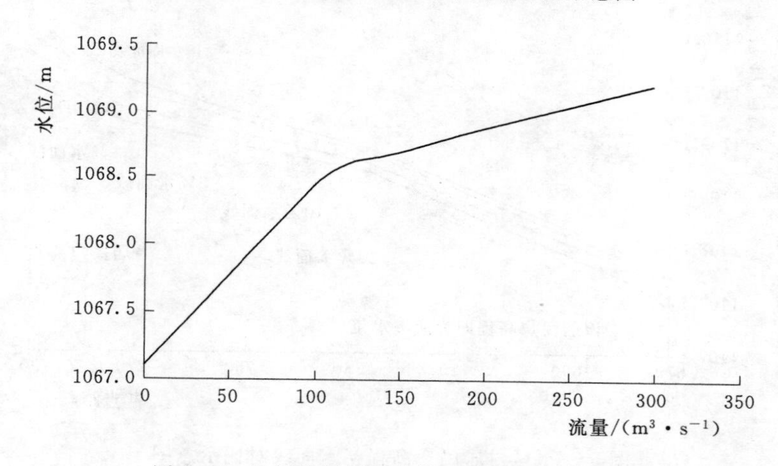

图 5-6　B村控制断面水位—流量关系曲线图

用插值法在流量频率曲线中确定该流量对应的频率，换算成重现期，即为该沿河村落的现状防洪能力。

B村成灾水位对应的洪水频率如图 5-7 所示。由图 5-7 可以看出，B村的现状防洪能力重现期为 14 年。

3. C村村落概况

C村位于 M 流域，控制断面以上流域面积为 $19.81km^2$，河长为 6.34km，比降为 40.00‰，河宽为 30m，两岸有护坎，坎高为 1.3m，村南有座桥，长为 15m、宽为 6m、高为 3.5m。全村有 225 户，人口为 872 人。居民沿河居住。

C村河道较不顺直，河床内为卵石，较为平整，岸边长有杂草，水流比较通畅。综合分析确定C村河段主槽糙率为 0.028，滩地糙率为 0.030。

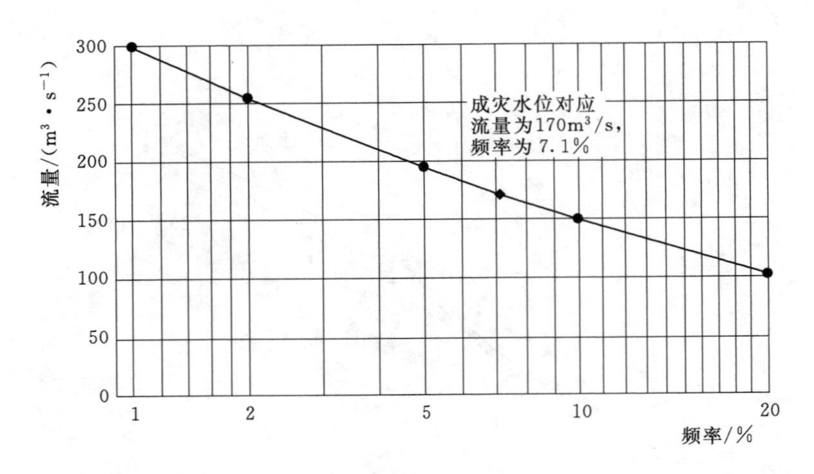

图 5-7　B村成灾水位对应的洪水频率

(1) 各频率设计水面线推求。利用流域模型法计算的各单元不同频率设计洪峰流量成果推求其对应河段的水面线，C村居民户高程与水面线对比示意图如图 5-8 所示。该村危险居民户高程位于5%～10%水面线，C村为高危险区。

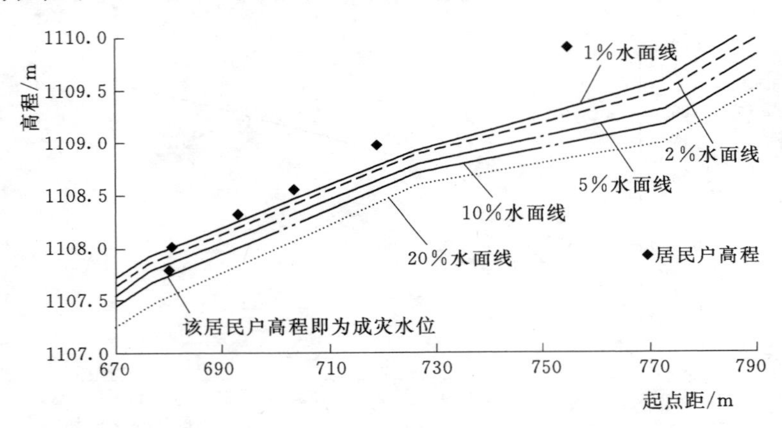

图 5-8　C村居民户高程与水面线对比示意图

(2) 水位流量关系计算。控制断面水位流量关系由 5 个频率的设计洪水流量与相应洪水水位绘制而成，从这条曲线上可以利用成灾水位反推成灾水位对应的流量。C村控制断面水位—流量关系曲线图如图 5-9 所示。

(3) 成灾水位对应频率的确定。根据水位流量关系推求成灾水位对应的洪峰流量，再用插值法在流量频率曲线中确定该流量对应的频率，换算成重现期，即为该沿河村落的现状防洪能力。

C村成灾水位对应的洪水频率如图 5-10 所示。由图 5-10 可以得出，C村的现状防洪能力重现期为 14 年。

4. D村村落概况

D村位于M流域，控制断面以上流域面积为 60.25km²，河长为 11.28km，比降为

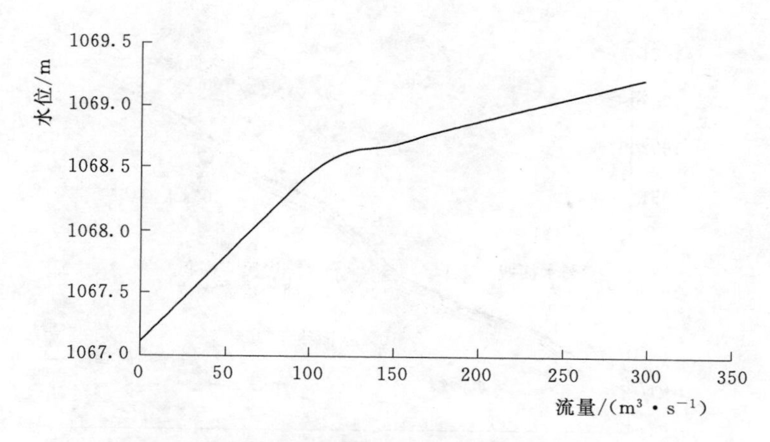

图 5-9　C 村控制断面水位—流量关系曲线图

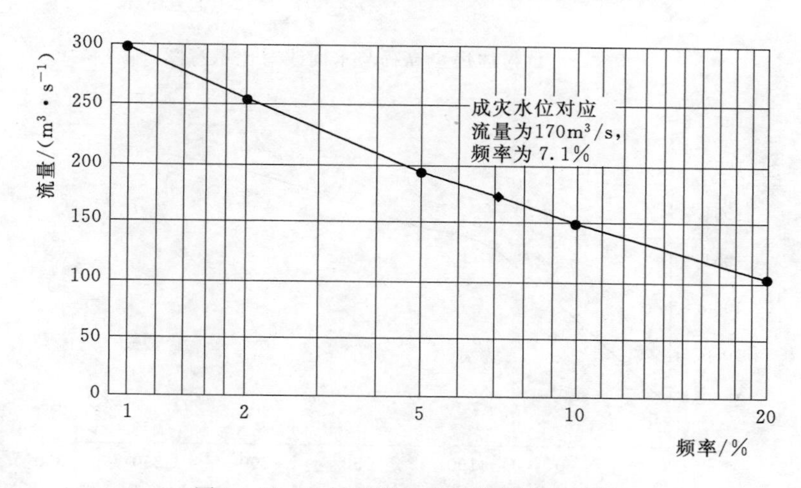

图 5-10　C 村成灾水位对应的洪水频率

22.00‰，河道宽为 20～30m，两岸有护村坎，坎高为 1.5m，全村有 164 户，人口为 448 人。居民沿河居住。

D 村河的两岸为土质，部分河段有垃圾堆放，但是河道较顺直，断面形状比较规整，河床为黄土组成。综合分析确定 D 村河段主槽糙率为 0.024，滩地糙率为 0.028。

(1) 各频率设计水面线推求。利用流域模型法计算的各单元不同频率设计洪峰流量成果推求其对应河段的水面线，D 村居民户高程与水面线对比示意图如图 5-11 所示。该村危险居民户高程位于 5%～20%水面线，D 村为高危险区。

(2) 水位流量关系计算。控制断面水位流量关系由 5 个频率设计洪水流量与相应洪水水位绘制而成，从这条曲线上可以利用成灾水位反推其对应的流量。D 村控制断面水位—流量关系曲线图如图 5-12 所示。

(3) 成灾水位对应频率的确定。根据水位流量关系推求成灾水位对应的洪峰流量，再用插值法在流量频率曲线中确定该流量对应的频率，换算成重现期，即为该沿河村落的现状防洪能力。

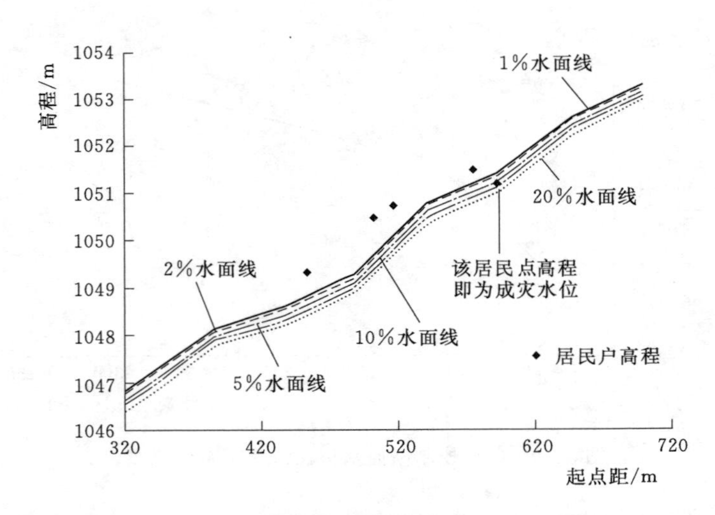

图 5-11　D村居民户高程与水面线对比示意图

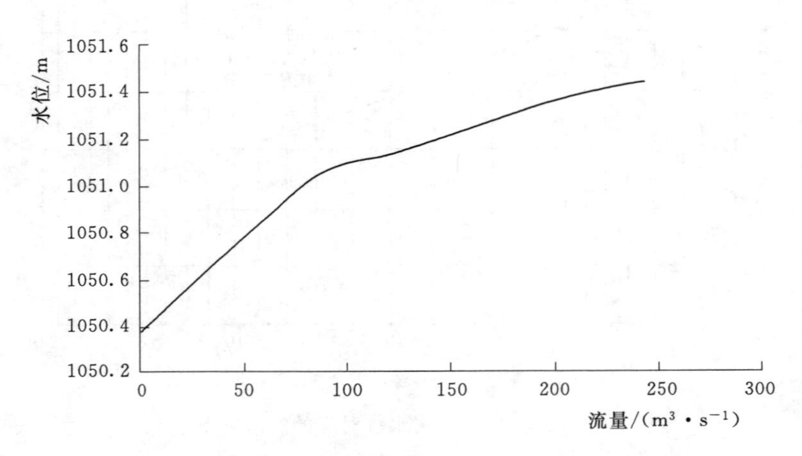

图 5-12　D村控制断面水位—流量关系曲线图

D村成灾水位对应的洪水频率如图 5-13 所示。由图 5-13 可以得出，D村的现状防洪能力重现期为 14.5 年。

5. E村村落概况

E村位于 M 流域，控制断面以上流域面积为 $9.38km^2$，河长 4.73km，比降为 57.00‰，河道宽为 30～40m，河流穿村而过，河道与两岸房地基高差为 0.3～1m，全村有 182 户，人口为 429 人。

E村河床内为砂卵石，河道浅而宽，两岸为石块，河段两侧为滩地，主槽较规整，两侧河岸为砂土，水流较通畅。综合分析确定 E 村河段主槽糙率为 0.028，滩地糙率为 0.034。

(1) 各频率设计水面线推求。利用流域模型法计算的各单元不同频率设计洪峰流量成果推求其对应河段的水面线，E村居民户高程与水面线对比示意图如图 5-14 所示。该村危险居民户高程位于 5%～10%水面线，则E村为高危险区。

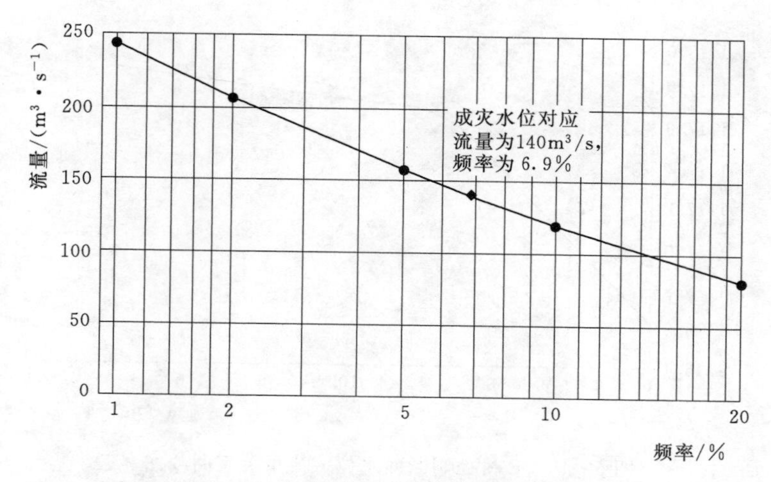

图 5-13　D村成灾水位对应的洪水频率

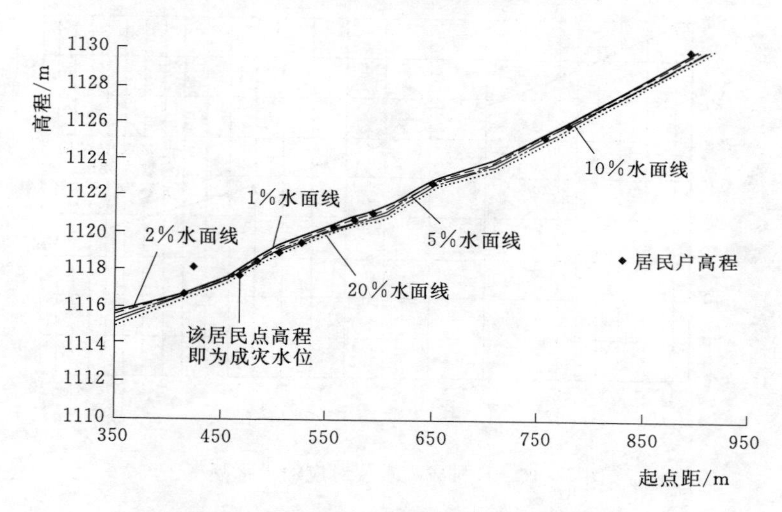

图 5-14　E村居民户高程与水面线对比示意图

(2) 水位流量关系计算。控制断面水位流量关系由5个频率的设计洪水流量与相应洪水水位绘制而成，从这条曲线上可以利用成灾水位反推其对应的流量。E村控制断面水位—流量关系曲线图如图5-15所示。

(3) 成灾水位对应频率的确定。根据水位流量关系推求成灾水位对应的洪峰流量，再用插值法在流量频率曲线中确定该流量对应的频率，换算成重现期，即为该沿河村落的现状防洪能力。

E村成灾水位对应的洪水频率如图5-16所示。由图5-16可以得出，E村的现状防洪能力重现期为5.5年。

6. F村村落概况

F村位于M流域，控制断面以上流域面积为75.77km²，河长1.53km，比降为17.00‰，主河道宽为25m，右岸为斜坡山体，左岸为石头护堤，全村有187户，人口为459人。居民居住在河道左岸。

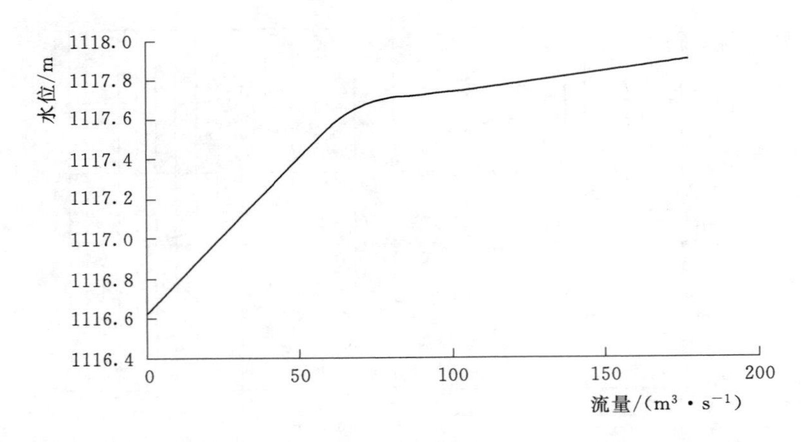

图 5-15　E 村控制断面水位—流量关系曲线图

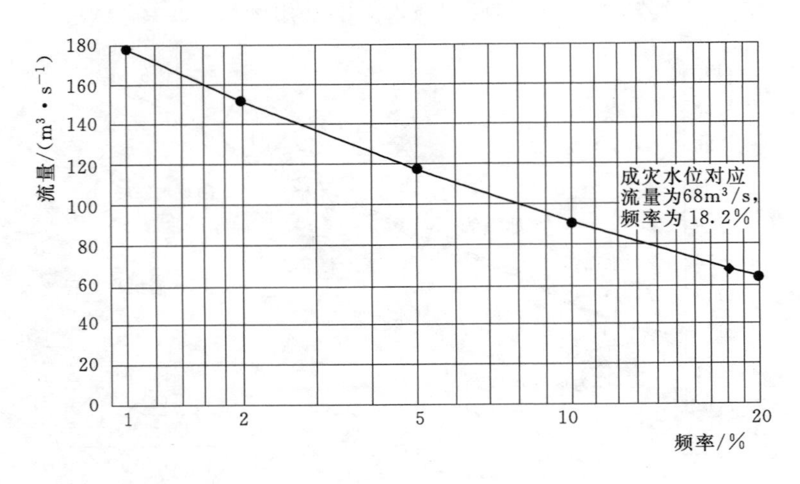

图 5-16　E 村成灾水位对应的洪水频率

F 村河道内有较多弯道，但断面形状比较规整，河的两岸为土质，河床由碎石和沙土组成。综合分析确定 F 村河段主槽糙率为 0.024，滩地糙率为 0.034。

（1）各频率设计水面线推求。利用流域模型法计算的各单元不同频率设计洪峰流量成果推求其对应河段的水面线，F 村居民户高程与水面线对比示意图如图 5-17 所示。该村危险居民户高程位于 20%～50%水面线，则 F 村为危险区。

（2）水位流量关系计算。控制断面水位流量关系由 5 个频率的设计洪水流量与相应洪水水位绘制而成，从这条曲线上可以利用成灾水位反推其对应的流量。F 村控制断面水位—流量关系曲线图如图 5-18 所示。

（3）成灾水位对应频率的确定。根据水位流量关系推求成灾水位对应的洪峰流量，再用插值法在流量频率曲线中确定该流量对应的频率，换算成重现期，即为该沿河村落的现状防洪能力。

F 村成灾水位对应的洪水频率如图 5-19 所示，由图 5-19 可以得出，F 村的现状防洪能力重现期为 26 年。

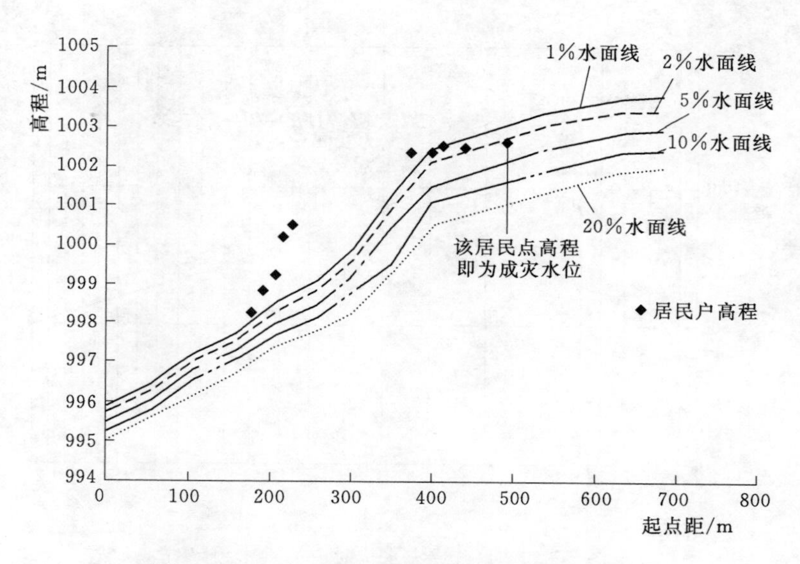

图 5-17　F 村居民户高程与水面线对比示意图

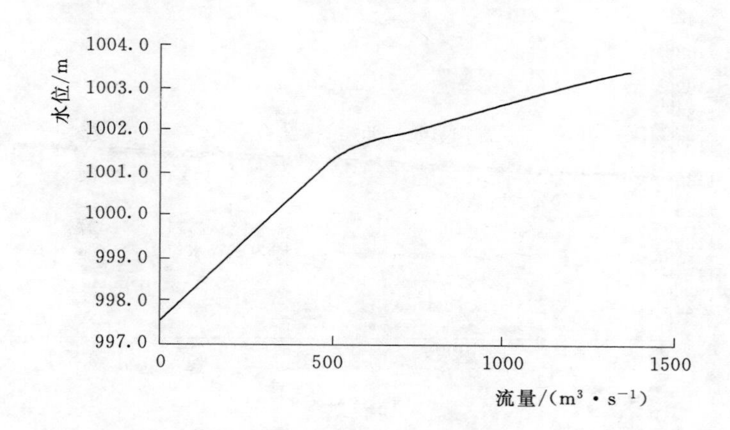

图 5-18　F 村控制断面水位—流量关系曲线图

7. G 村村落概况

G 村南位于 M 流域，控制断面以上流域面积为 1.11km²，河长为 1.65km，比降为 57.48‰。全村有 23 户，人口为 39 人。居民沿河居住。

G 村南河道较顺直，河床内为卵石，较为平整，岸边长有杂草，水流比较畅通。综合分析确定 G 村南河段主槽糙率为 0.022，滩地糙率为 0.028。

G 村西位于 M 流域，控制断面以上流域面积为 1.43km²，河长为 2.85km，比降为 116.2‰。全村有 23 户，人口为 39 人。居民沿河居住。

G 村西河道较顺直，河床内为砂石，较为平整，岸边长有杂草，水流比较畅通。综合分析确定 G 村西河段主槽糙率为 0.026，滩地糙率为 0.032。

（1）各频率设计水面线推求。利用流域模型法计算的各单元不同频率设计洪峰流量成果推求其对应河段的水面线，G 村居民户高程与水面线对比示意图如图 5-20 所示。G 村

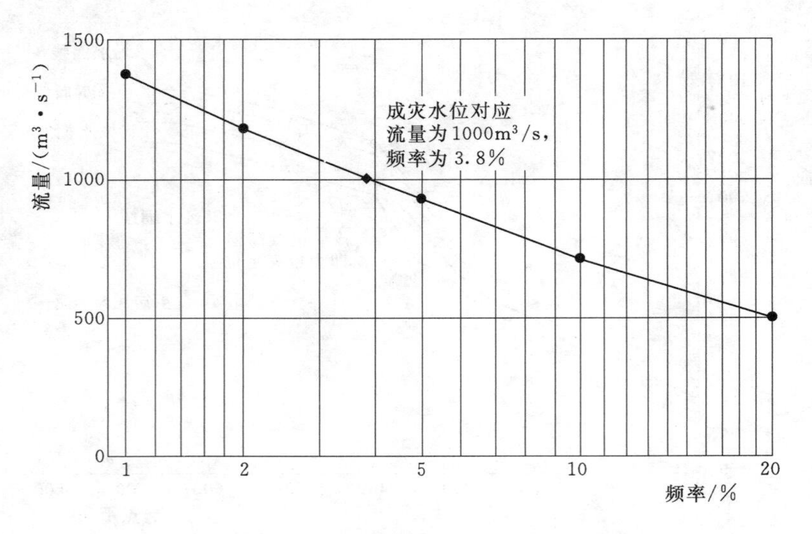

图 5-19　F村成灾水位对应的洪水频率

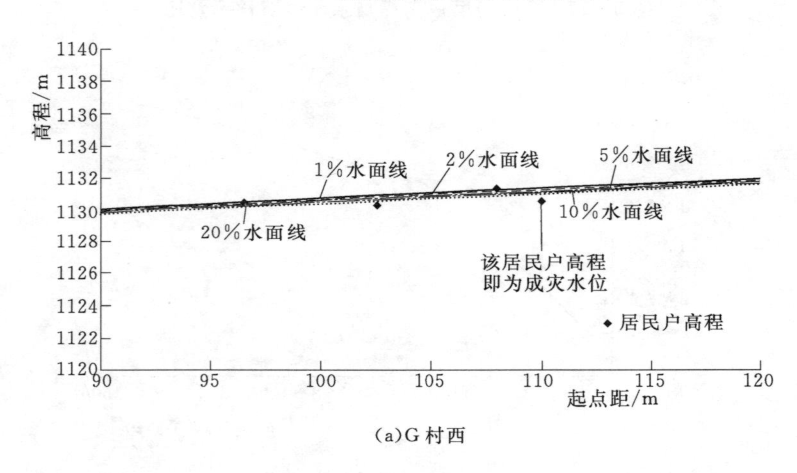

(a)G村西

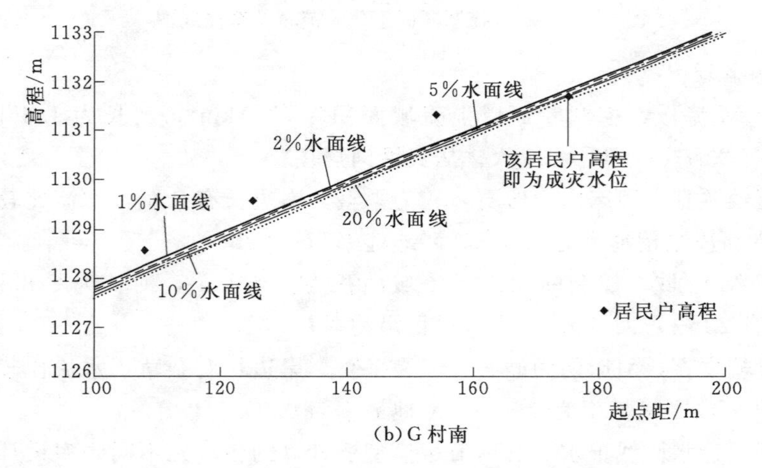

(b)G村南

图 5-20　G村居民户高程与水面线对比示意图

西危险居民户高程位于5%水面线之下，则G村西为极高危险区。G村南危险居民户高程位于5%～20%水面线之间，则G村南为高危险区。

（2）水位流量关系计算。控制断面水位流量关系由5个频率的设计洪水流量与相应洪水水位绘制而成，从这条曲线上可以利用成灾水位反推成灾水位对应的流量。G村控制断面水位—流量关系曲线图如图5-21所示。

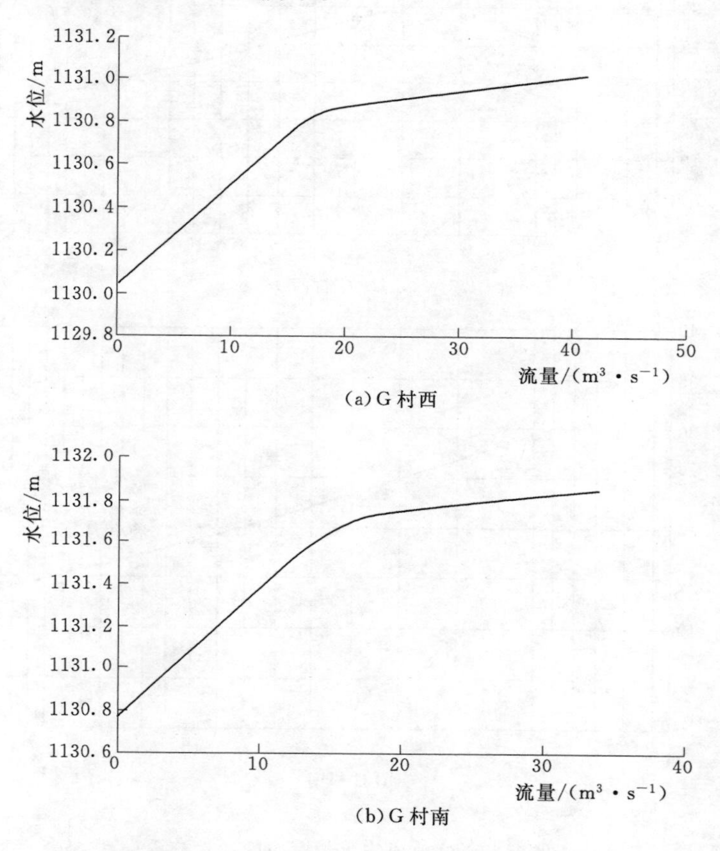

图5-21　G村控制断面水位—流量关系曲线图

（3）成灾水位对应频率的确定。根据水位流量关系推求成灾水位对应的洪峰流量，再用插值法在流量频率曲线中确定该流量对应的频率，换算成重现期，即为该沿河村落的现状防洪能力。

G村成灾水位对应的洪水频率如图5-22所示。由图5-22可以得出，G村西的现状防洪能力重现期为5.0年，G村南的现状防洪能力重现期为6.5年。

8. H村村落概况

H村位于M流域，控制断面以上流域面积为16.69km²，河长5.08km，比降为42.00‰，河道宽为10m，两岸各为宽3m的水泥路，路两边为居民，全村有133户，人口为397人。

H村河道较顺直，断面形状极度不规整，且有坡度，河的两岸为庄稼地，河床为细砂。综合分析确定H村河段主槽糙率为0.034，滩地糙率为0.038。

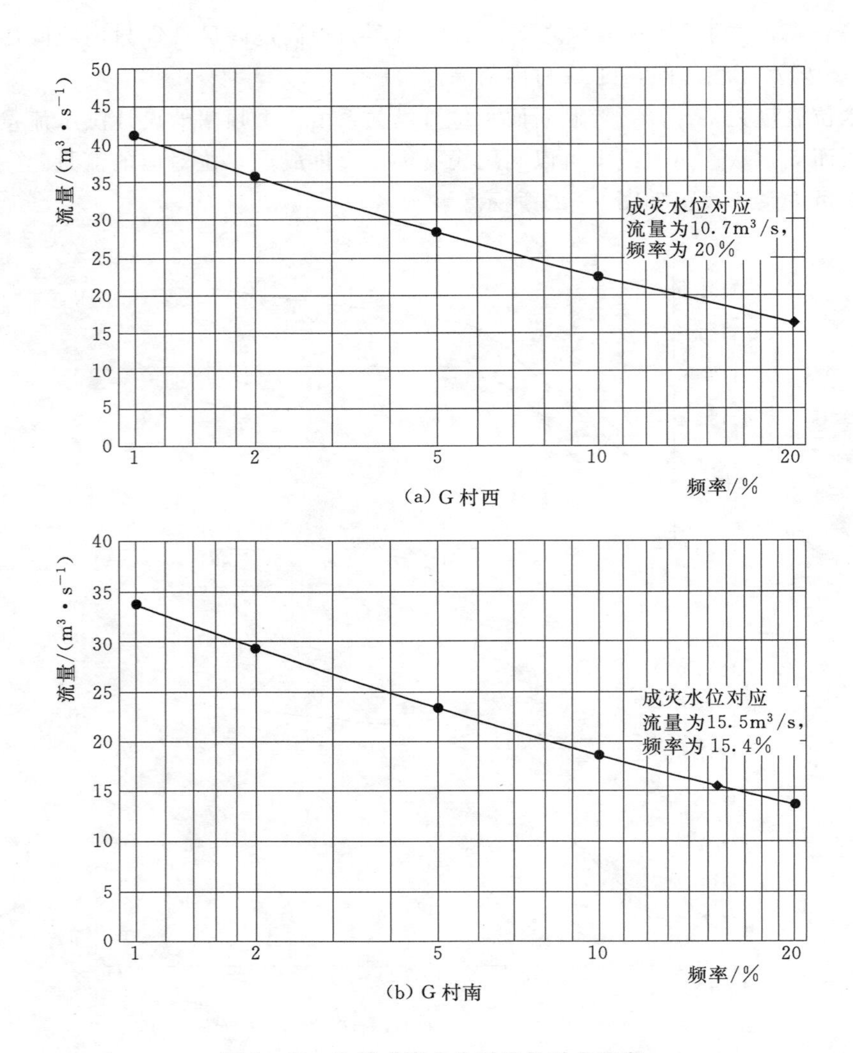

图 5-22　G村成灾水位对应的洪水频率

(1) 各频率设计水面线推求。利用流域模型法计算的各单元不同频率的设计洪峰流量成果推求其对应河段的水面线，H村居民户高程与水面线对比示意图如图 5-23 所示。H村危险居民户高程位于5%～20%水面线之间，则H村为高危险区。

(2) 水位流量关系计算。控制断面水位流量关系由5个频率的设计洪水流量与相应洪水水位绘制而成，从这条曲线上可以利用成灾水位反推其对应的流量。H村控制断面水位—流量关系曲线图如图 5-24 所示。

(3) 成灾水位对应频率的确定。根据水位流量关系推求成灾水位对应的洪峰流量，再用插值法在流量频率曲线中确定该流量对应的频率，换算成重现期，即为该沿河村落的现状防洪能力。

H村成灾水位对应的洪水频率如图 5-25 所示。由图 5-25 可以得出，H村的现状防洪能力重现期为7年。

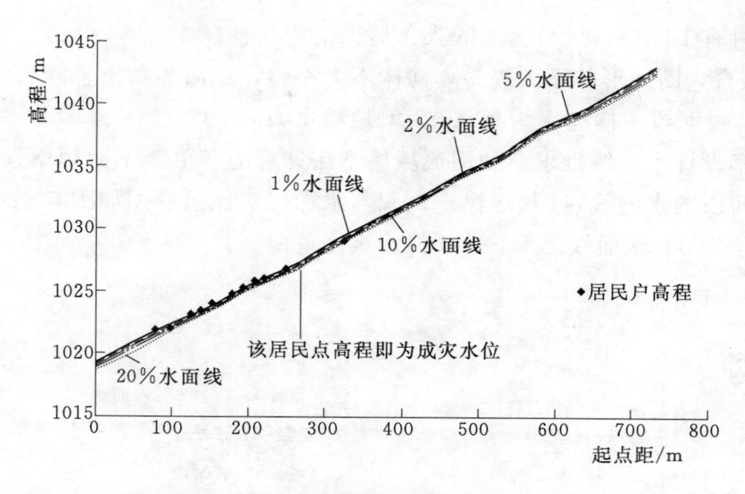

图 5-23　H 村居民户高程与水面线对比示意图

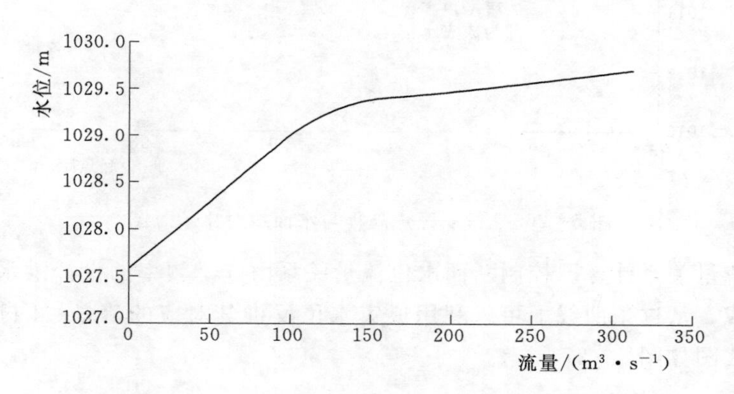

图 5-24　H 村控制断面水位—流量关系曲线图

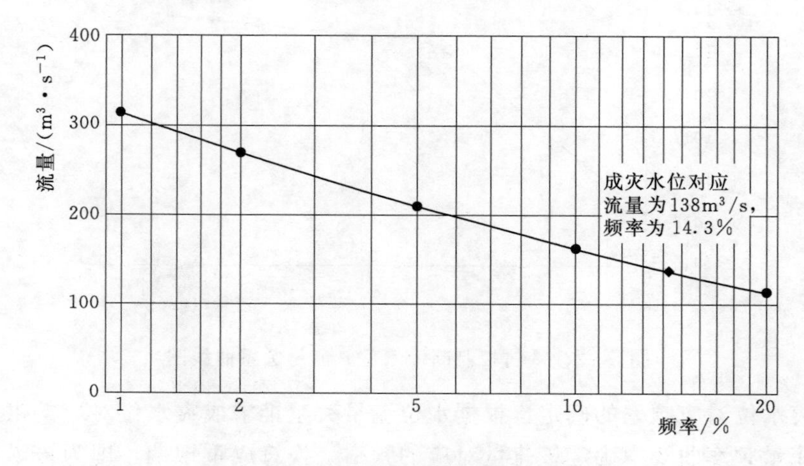

图 5-25　H 村成灾水位对应的洪水频率

9. I 村村落概况

I 村位于 M 流域，控制断面以上流域面积为 2.69km²，河长为 2.35km，比降为

141.70‰。全村有105户，人口为255人。居民沿河居住。

I村河道顺直，断面形状不太规整，河床不太平整，床面为黄土、砂石，水流较通畅。综合分析确定I村河段主槽糙率为0.030，滩地糙率为0.032。

(1) 各频率设计水面线推求。利用流域模型法计算的各单元不同频率设计洪峰流量成果推求其对应河段的水面线，I村居民户高程与水面线对比示意图如图5-26所示。I村危险居民户高程位于5%水面线之下，则I村为极高危险区。

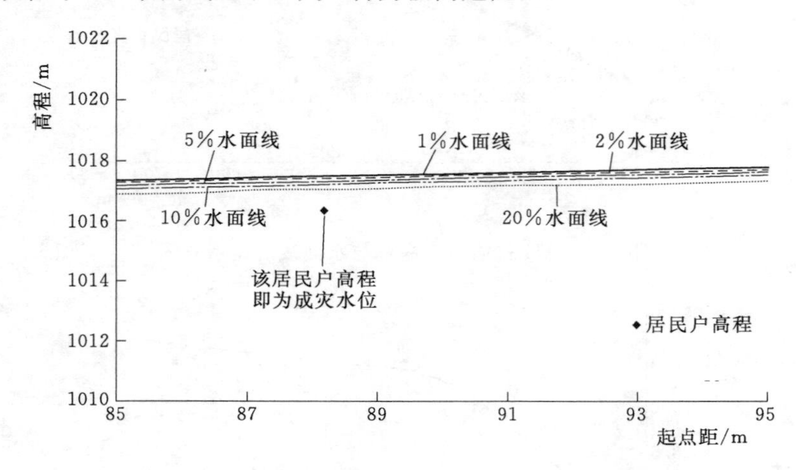

图5-26 I村居民户高程与水面线对比示意图

(2) 水位流量关系计算。控制断面水位流量关系由5个频率的设计洪水流量与相应洪水水位绘制而成，从这条曲线上可以利用成灾水位反推其对应的流量。I村控制断面水位—流量关系曲线图如图5-27所示。

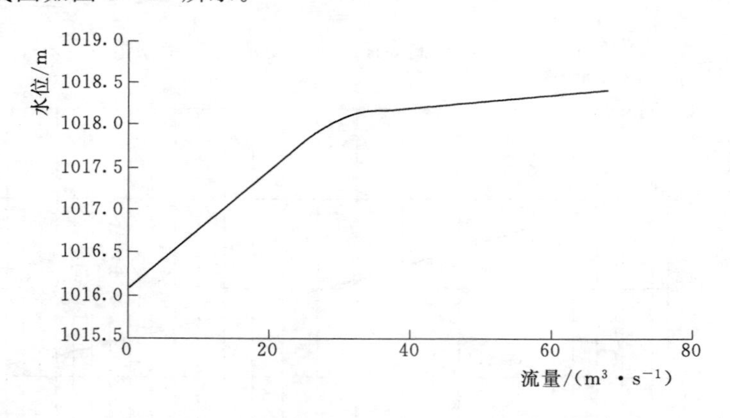

图5-27 I村控制断面水位—流量关系曲线图

(3) 成灾水位对应频率的确定。根据水位流量关系推求成灾水位对应的洪峰流量，再用插值法在流量频率曲线中确定该流量对应的频率，换算成重现期，即为该沿河村落的现状防洪能力。

I村成灾水位对应的洪水频率如图5-28所示。由图5-28可以看出，I村的现状防洪能力重现期为5年。

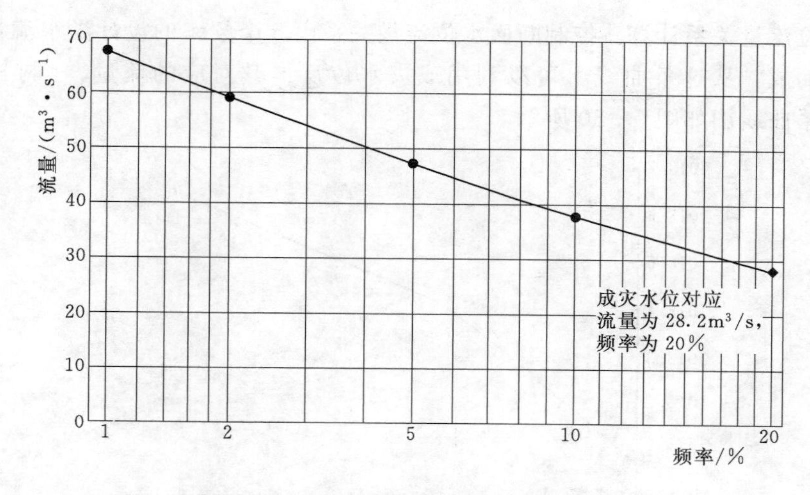

图 5-28　I 村成灾水位对应的洪水频率

10. J 村村落概况

J 村位于 M 流域，控制断面以上流域面积为 3.75km²，河长为 1.63km，比降为 62.00‰，河宽为 10m，左岸为山体，右岸为护坎，坎高为 1.5m，全村有 72 户，人口为 182 人。

J 村河道较顺直，主槽较规整，部分河段有乱石堆砌的护坡，河床由黄土构成，河床中长满了杂草、树木，水流不太通畅。综合分析确定 J 村河段主槽糙率为 0.030，滩地糙率为 0.036。

(1) 各频率设计水面线推求。利用流域模型法计算的各单元不同频率设计洪峰流量成果推求其对应河段的水面线，J 村居民户高程与水面线对比示意图如图 5-29 所示。J 村危险居民户高程位于 5%水面线之下，由于 J 村有 5 年的防洪堤坝，因此堤坝水面线以下居民在堤坝防洪能力年限内安全，则 J 村为高危险区。另外，J 村有 15 年的防洪堤坝，因此堤坝水面线以下居民在堤坝防洪能力年限内安全。

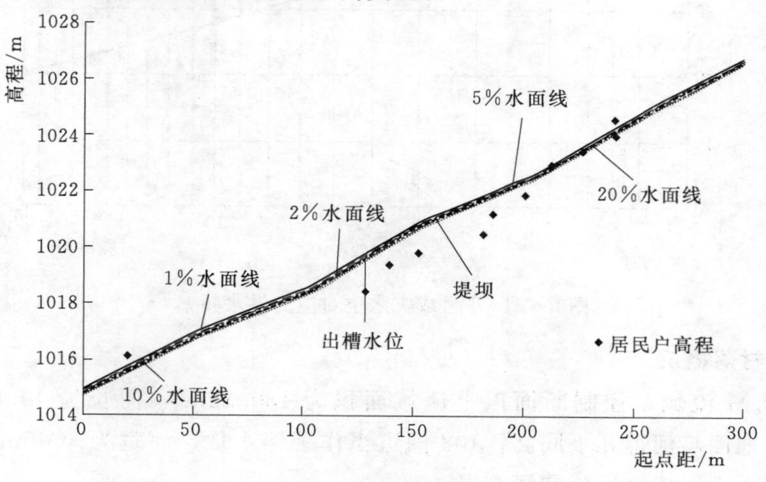

图 5-29　J 村居民户高程与水面线对比示意图

（2）水位流量关系计算。控制断面水位流量关系由5个频率的设计洪水流量与相应洪水水位绘制而成，从这条曲线上可以利用成灾水位反推其对应的流量。J村控制断面水位—流量关系曲线图如图5-30所示。

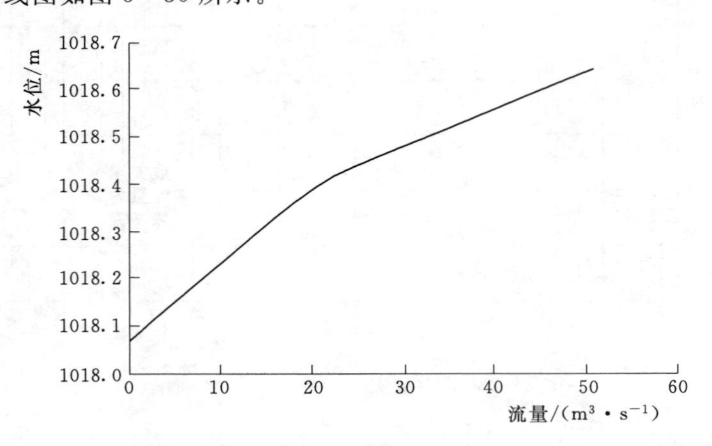

图5-30 J村控制断面水位—流量关系曲线图

（3）成灾水位对应频率的确定。根据水位流量关系推求成灾水位对应的洪峰流量，再用插值法在流量频率曲线中确定该流量对应的频率，换算成重现期，即为该沿河村落的现状防洪能力。

J村成灾水位对应的洪水频率如图5-31所示。由图5-31可以看出，J村的现状防洪能力重现期为14.7年。

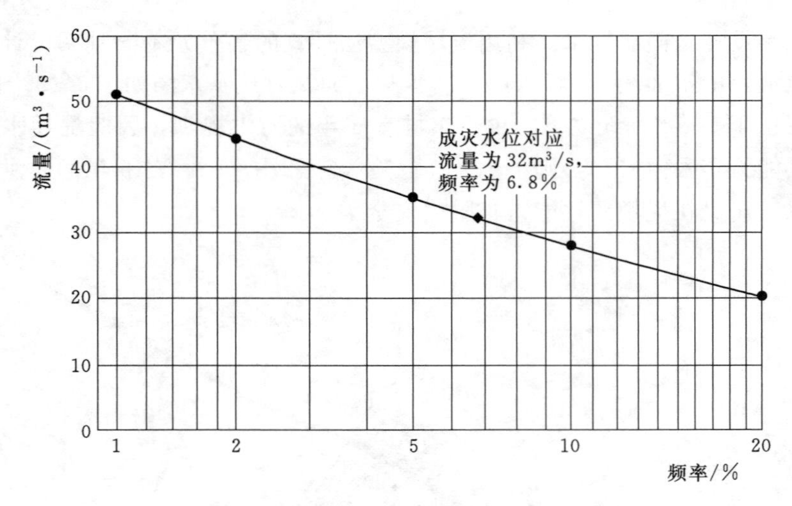

图5-31 J村成灾水位对应的洪水频率

11. K村村落概况

K村位于M流域，控制断面以上流域面积为130.3km²，河长为14.8km，比降为7.00‰，村中地面与河道几乎同高，108国道当作了挡水坎，河宽为3～5m，全村有273户，人口为631人，居民居住在河右岸。

K 村河床为砂砾石河床，上游河段两侧为滩地，主槽相对较规整，两侧河岸为黄土有树木和杂草，水流比较顺畅。综合分析确定 K 村河段主槽糙率为 0.026，滩地糙率为 0.032。

（1）各频率设计水面线推求。利用流域模型法计算的各单元不同频率的设计洪峰流量成果推求其对应河段的水面线，K 村居民户高程与水面线对比示意图如图 5-32 所示。K 村危险居民户高程位于 5%水面线之下，由于 K 村有 15 年的防洪堤坝，因此堤坝水面线以下居民在堤坝防洪能力年限内安全，则 K 村为高危险区。

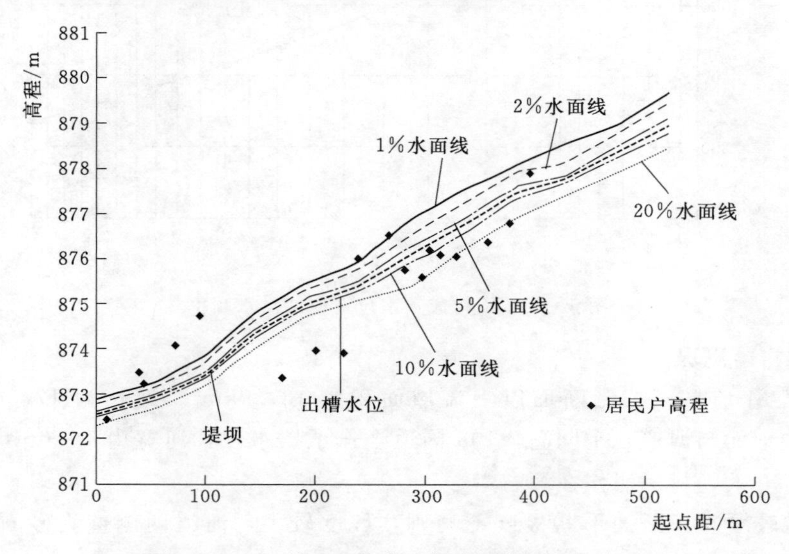

图 5-32　K 村居民户高程与水面线对比示意图

（2）水位流量关系计算。控制断面水位流量关系由 5 个频率的设计洪水流量与相应洪水水位绘制而成，从这条曲线上可以利用成灾水位反推其对应的流量。K 村控制断面水位—流量关系曲线图如图 5-33 所示。

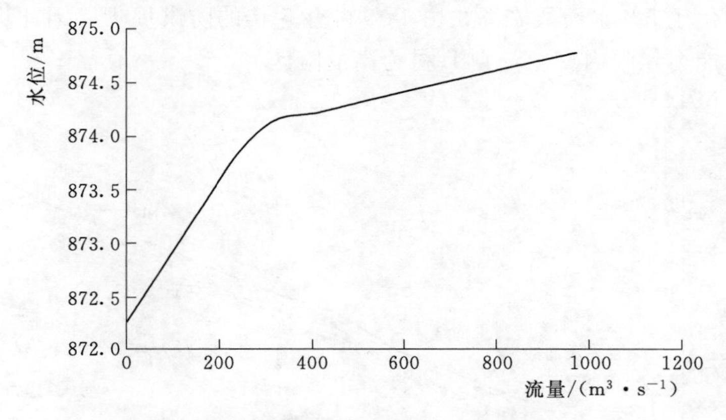

图 5-33　K 村控制断面水位—流量关系曲线图

（3）成灾水位对应频率的确定。根据水位流量关系推求成灾水位对应的洪峰流量，再用插值法在流量频率曲线中确定该流量对应的频率，换算成重现期，即为该沿河村落的现状防洪能力。

K村成灾水位对应的洪水频率如图5-34所示。由图5-34可以看出，K村的现状防洪能力重现期为12.7年。

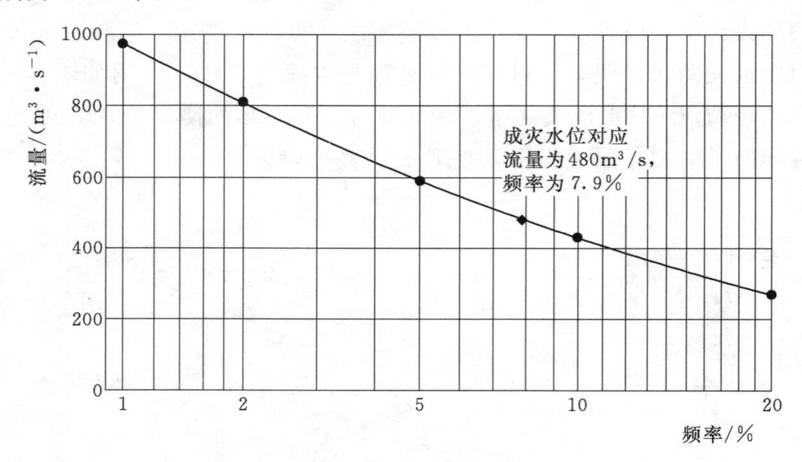

图5-34 K村成灾水位对应的洪水频率

12. L村村落概况

L村位于M流域，控制断面以上流域面积为137.9km^2，河长为17.3km，比降为5.50‰，村中地面与河道几乎同高，108国道当作了挡水坎，河宽为4～6m，全村有190户，人口为490人，村民居住在河右岸。

L村河道较顺直，断面形状极度不规则，坡度较大，河道两侧壁为砂石，河床由砂土、乱石构成，床面不平整，故水流不顺畅。经分析确定L村河段主槽糙率为0.036，滩地糙率为0.038。

(1) 各频率设计水面线推求。利用流域模型法计算的各单元不同频率设计洪峰流量成果推求其对应河段的水面线，L村居民户高程与水面线对比示意图如图5-35所示。L村危险居民户高程位于5%水面线之下，由于L村有5年的防洪堤坝，因此堤坝水面线以下居民在堤坝防洪能力年限内安全，则L村为高危险区。

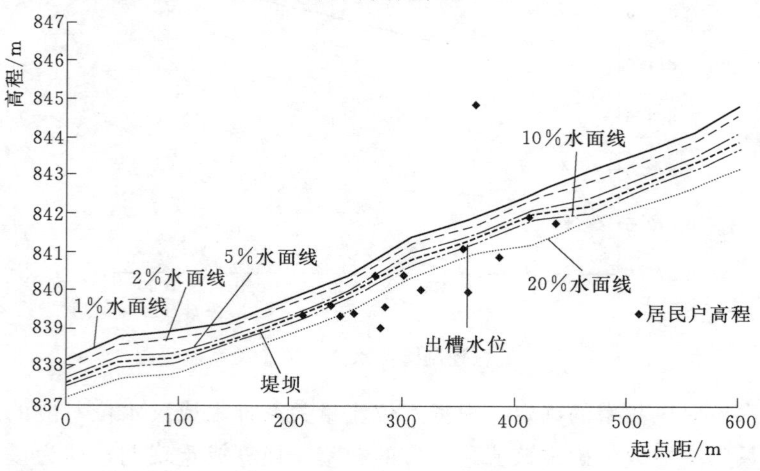

图5-35 L村居民户高程与水面线对比示意图

（2）水位流量关系计算。控制断面水位流量关系由5个频率的设计洪水流量与相应洪水水位绘制而成，从这条曲线上可以利用成灾水位反推其对应的流量。L村控制断面水位—流量关系曲线图如图5-36所示。

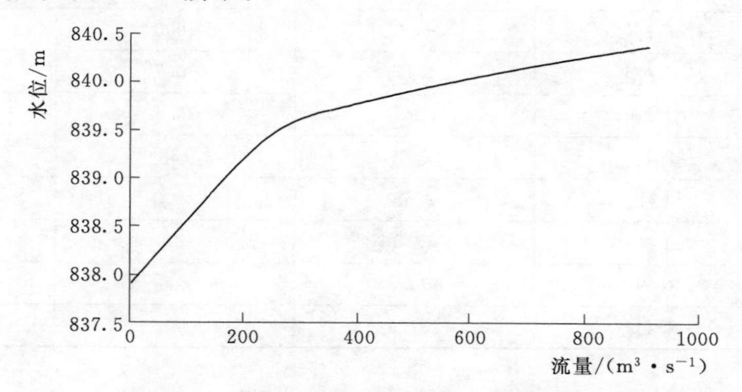

图5-36　L村控制断面水位—流量关系曲线图

（3）成灾水位对应频率的确定。根据水位流量关系推求成灾水位对应的洪峰流量，再用插值法在流量频率曲线中确定该流量对应的频率，换算成重现期，即为该沿河村落的现状防洪能力。

L村成灾水位对应的洪水频率如图5-37所示。由图5-37可以看出，L村的现状防洪能力重现期为14.7年。

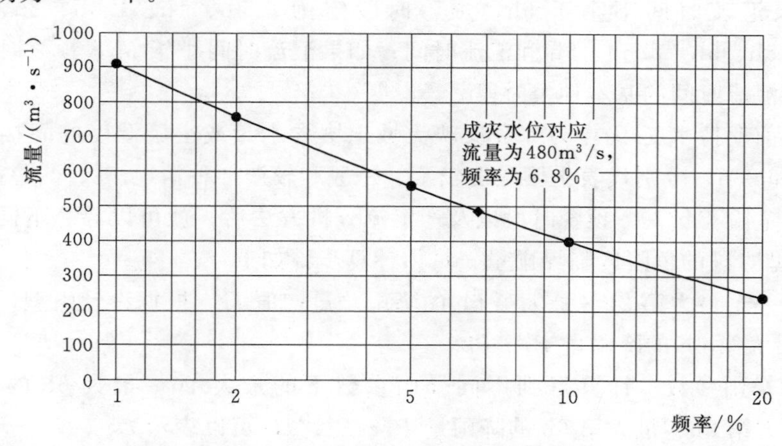

图5-37　L村成灾水位对应的洪水频率

综合以上各个村的数据，得到各沿河村落成灾流量频率成果表见表5-2。

表5-2　　某县M流域各沿河村落成灾流量频率成果表

序号	村落名称	集水面积/km^2	成灾流量/($m^3 \cdot s^{-1}$)	成灾频率/%
1	A村	4.2	40	8.80
2	B村	16.23	170	7.1
3	C村	19.81	170	7.1
4	D村	60.25	140	6.9

续表

序号	村落名称	集水面积/km^2	成灾流量/$(m^3 \cdot s^{-1})$	成灾频率/%
5	E村	9.38	68	18.2
6	F村	75.77	1000	3.8
7	G村南	1.11	10.7	20
	G村西	1.43	15.5	15.4
8	H村	16.69	138	14.3
9	I村	2.69	28.2	20
10	J村	3.75	32	6.8
11	K村	130.3	480	7.9
12	L村	137.9	480	6.8

5.3 临界雨量计算

预警时段按照以下原则确定：

（1）根据灵丘县暴雨特性、流域面积、平均比降、形状系数、下垫面情况等因素，基本预警时段定为0.5h、1h、1.5h、2h、2.5h、3h、3.5h、4h、4.5h、5h、5.5h、6h。

（2）如果汇流时间不小于6h，预警时段定为0.5h、1h、1.5h、2h、2.5h、3h、3.5h、4h、4.5h、5h、5.5h、6h和汇流时间；如果汇流时间小于6h，预警时段定为汇流时间以及小于汇流时间的基本预警时段。

采用流域前期持水度B_0作为综合反映流域土壤含水量或土壤湿度的间接指标。B_0取值为0、0.3和0.6，分别代表土壤湿度较干、一般和较湿3种情况。

在确定了危险流量Q、预警时段以及产汇流分析方法后，就可以计算不同前期持水度（B_0）下各典型时段的危险区临界雨量。具体计算步骤如下：

（1）假设一个最大第2h～最大第6h的降雨总量初值H。根据设计雨型，分别计算出最大第2h～最大第6h的降雨量P_2'～P_6'。

（2）计算暴雨参数。计算得到不同暴雨参数下的最大1h～最大6h的降雨总量值H_1～H_6及最大第2h～最大第6h的降雨量P_2～P_6。H_t可以表示为

$$H_t=\begin{cases}S_p \cdot t^{1-n}, \lambda \neq 0 \\ S_p \cdot t^{1-n_S}, \lambda = 0\end{cases} \quad 0 \leqslant \lambda < 0.12 \tag{5-1}$$

$$n=n_S \frac{t^{\lambda}-1}{\lambda \ln t} \tag{5-2}$$

式中　n、n_S——双对数坐标系中设计暴雨历时—强度关系曲线的坡度及$t=1$h时的斜率；

S_p——设计雨力，即1h设计雨量，mm/h；

t——暴雨历时，h；

λ——经验参数。

暴雨参数取值范围见表5-3。根据表5-3中暴雨参数的范围，可以得到多组P_2～

P_6，将每组 $P_2 \sim P_6$ 与 $P_2' \sim P_6'$ 进行比较，误差平方和最小的那组 $P_2 \sim P_6$ 所用参数即为所要求的暴雨参数。

表 5-3　　暴雨参数取值范围

暴雨参数	取值范围	精度
S_p	$P_2 \sim 100$	0.1
n_S	0.01～1	0.01
λ	0.001～0.12	0.001

(3) 由步骤 (2) 计算得到暴雨参数值，用式 (5-1) 和式 (5-2) 可以计算最大第 1h～最大第 6h 的雨量；根据设计雨型，得到典型时段内每小时的雨量 $H_{p1}, H_{p2}, \cdots, H_{p6}$。

(4) 使用双曲正切产流模型与单位线流域汇流模型进行产汇流分析，计算由典型时段内各个小时降雨所形成的洪峰流量 Q_m。

(5) 如果 $|Q_m - Q| > 1\text{m}^3/\text{s}$，则用二分法重新假设 H。

(6) 重复步骤 (2) ～步骤 (5)，直到 $|Q_m - Q| \leqslant 1\text{m}^3/\text{s}$ 时，典型时段内各小时的降雨总量即为临界雨量。

依据上述计算步骤，反推得到 12 个危险沿河村落的动态临界雨量，某县 B 河流域临界雨量成果见表 5-4。

表 5-4　　某县 B 河流域临界雨量成果表

序号	行政区划名称	前期流域持水度 B0	时段/h	临界雨量/mm
1	A 村	0	0.5	41
		0.3	0.5	37
		0.6	0.5	34
2	B 村	0	0.5	48
		0.3	0.5	44
		0.6	0.5	40
3	C 村	0	0.5	30
			1	36
		0.3	0.5	26
			1	33
		0.6	0.5	23
			1	30
4	D 村	0	0.5	43
			1	56
		0.3	0.5	40
			1	53
		0.6	0.5	37
			1	49

续表

序号	行政区划名称	前期流域持水度 $B0$	时段/h	临界雨量/mm
5	E村	0	0.5	33
		0.3	0.5	29
		0.6	0.5	26
6	F村	0	0.5	43
		0.3	0.5	40
		0.6	0.5	37
7	G村南	0	0.5	40
		0.3	0.5	36
		0.6	0.5	33
	G村西	0	0.5	29
		0.3	0.5	25
		0.6	0.5	22
8	H村	0	0.5	30
		0.3	0.5	27
		0.6	0.5	23
9	I村	0	0.5	22
		0.3	0.5	18
		0.6	0.5	14
10	J村	0	0.5	33
		0.3	0.5	30
		0.6	0.5	26
11	K村	0	0.5	49
			1	59
		0.3	0.5	43
			1	53
		0.6	0.5	37
			1	45
12	L村	0	0.5	40
			1	47
		0.3	0.5	37
			1	42
		0.6	0.5	34
			1	37

5.4 临界水位计算

M流域内有1个自动水位站，预警对象为D村。水位站断面各频率流量水位见表5-5，绘制水位站所在断面的水位—流量关系图，如图 5-38 所示。

表 5-5　**D 村东口头水位站断面各频率水位流量表**

名　称	所在流域	频率	流量/($m^3 \cdot s^{-1}$)	水位/m
东口头水位站	M 流域	1%	67.9	1141.50
		2%	57.8	1141.47
		5%	43.6	1141.36
		10%	31.9	1141.25
		20%	21.5	1141.10

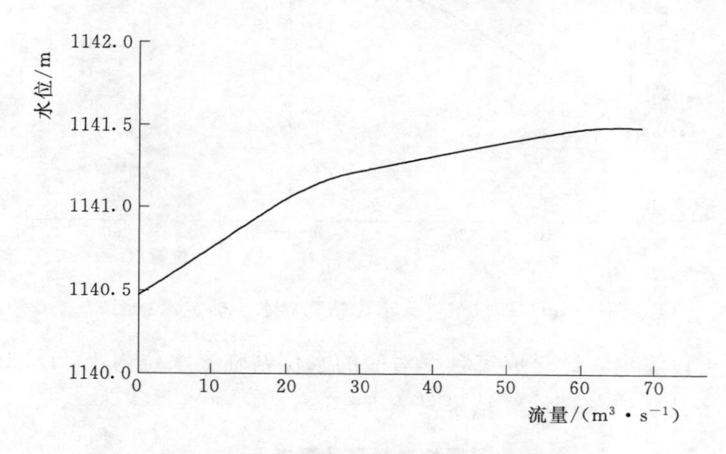

图 5-38　水位站水位—流量关系图

D 村成灾频率为 6.9%，采用插值法在东口头水位站流量频率关系曲线图中确定该频率下水位站的流量，东口头水位站流量—频率关系曲线如图 5-39 所示。

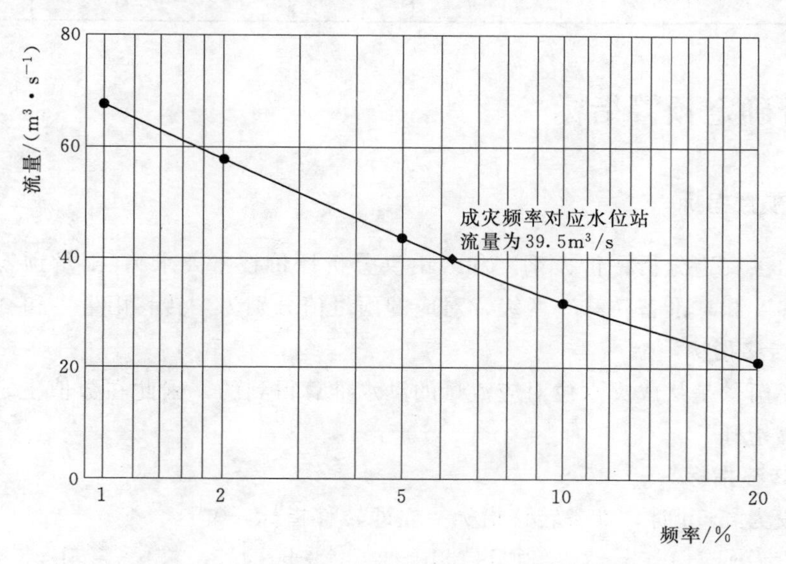

图 5-39　东口头水位站流量—频率关系曲线图

由图 5-39 可以看出，D 村成灾频率对应的水位站流量为 39.5m^3/s。

利用成灾频率对应水位站的流量，采用插值法在东口头水位站水位—流量关系曲线上确定对应的临界水位，该水位即为立即转移指标。东口头水位站临界水位确定示意图如图 5-40 所示。

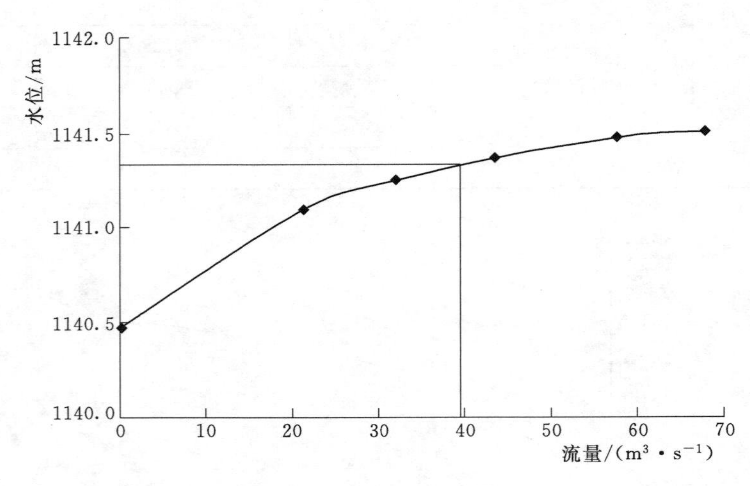

图 5-40　D 村东口头水位站临界水位确定示意图

由图 5-40 可以看出，D 村成灾频率对应的水位站临界水位为 1141.33m。

综上所述，某县水位预警计算结果见表 5-6。

表 5-6　　某县水位预警计算成果

所在流域	下游危险村落	至村落距离/m	预警频率/(次·年$^{-1}$)	致灾水位相应流量/($m^3\cdot s^{-1}$)	立即转移水位/m	准备转移水位/m
M 河流域	D 村	6234.69	15.9	39.5	1141.33	1141.03

5.5　综合确定预警指标

5.5.1　雨量预警指标

根据《山洪灾害分析评价大纲》和《山洪分析评价技术要求》，雨量预警等级规定分为“立即转移”和“准备转移”两级，对应的雨量值分别为“转移雨量”和“警戒雨量”。

1. 立即转移指标

由于临界雨量是从成灾水位对应流量的洪水推算得到的，因此在数值上定义临界雨量即为立即转移指标。

2. 准备转移指标

预警时段为 0.5h 时，准备转移指标=立即转移指标×0.7。

预警时段为 1h、1.5h、2h、2.5h、3h、3.5h、4h、4.5h、5h、5.5h、6h 和汇流时间时，前 0.5h 的立即转移指标即为该预警时段的准备转移指标。

某县B河流域预警指标成果表见表5-7。

表5-7　　　　某县B河流域预警指标成果表

序号	行政区划名称	类别	前期流域持水度 $B0$	时段/h	预警指标		临界雨量/mm	方　法
					准备转移	立即转移		
1	A村	雨量	0	0.5	28	41	41	流域模型法
			0.3	0.5	26	37	37	
			0.6	0.5	24	34	34	
2	B村	雨量	0	0.5	33	48	48	流域模型法
			0.3	0.5	31	44	44	
			0.6	0.5	28	40	40	
3	C村	雨量	0	0.5	21	30	30	流域模型法
				1	25	36	36	
			0.3	0.5	18	26	26	
				1	23	33	33	
			0.6	0.5	16	23	23	
				1	21	30	30	
4	D村	雨量	0	0.5	30	43	43	流域模型法
				1	43	56	56	
			0.3	0.5	28	40	40	
				1	40	53	53	
			0.6	0.5	26	37	37	
				1	37	49	49	
5	E村	雨量	0	0.5	23	33	33	流域模型法
			0.3	0.5	20	29	29	
			0.6	0.5	18	26	26	
6	F村	雨量	0	0.5	30	43	43	流域模型法
			0.3	0.5	28	40	40	
			0.6	0.5	26	37	37	
7	G村南	雨量	0	0.5	28	40	40	流域模型法
			0.3	0.5	25	36	36	
			0.6	0.5	23	33	33	
	G村西	雨量	0	0.5	20	29	29	流域模型法
			0.3	0.5	18	25	25	
			0.6	0.5	15	22	22	
8	H村	雨量	0	0.5	21	30	30	流域模型法
			0.3	0.5	19	27	27	
			0.6	0.5	16	23	23	

续表

序号	行政区划名称	类别	前期流域持水度 $B0$	时段/h	预警指标		临界雨量/mm	方 法
					准备转移	立即转移		
9	I村	雨量	0	0.5	15	22	22	流域模型法
			0.3	0.5	13	18	18	
			0.6	0.5	10	14	14	
10	J村	雨量	0	0.5	23	33	33	流域模型法
			0.3	0.5	21	30	30	
			0.6	0.5	18	26	26	
11	K村	雨量	0	0.5	34	49	49	流域模型法
				1	41	59	59	
			0.3	0.5	30	43	43	
				1	37	53	53	
			0.6	0.5	26	37	37	
				1	32	45	45	
12	L村	雨量	0	0.5	28	40	40	流域模型法
				1	33	47	47	
			0.3	0.5	26	37	37	
				1	29	42	42	
			0.6	0.5	23	34	34	
				1	26	37	37	
				1	38	54	54	
			0.3	0.5	27	39	39	
				1	35	51	51	
			0.6	0.5	25	35	35	
				1	33	47	47	

5.5.2 水位预警指标

（1）立即转移指标：临界水位即为水位预警的立即转移指标。

（2）准备转移指标：将临界水位减去 0.3m 作为水位预警的准备转移指标。

第 6 章　山洪灾害预报模型

山洪灾害预报模型分为过程驱动模型和数据驱动模型两类，过程驱动模型是对洪水的产流过程和汇流过程进行模拟，从而对洪水过程进行预报，该类模型主要有新安江模型、水箱模型、HBV 模型、约束线性系统模型、萨克拉门托模型等。数据驱动模型是建立洪水系统输入输出数据之间的最优数学关系以进行洪水过程预报的方法，以回归模型、人工神经网络模型、模糊数学方法、灰色系统模型、非线性时间序列分析模型为代表。

6.1　新安江模型

6.1.1　模型简介

1973 年，河海大学赵人俊教授领导的科研组在编制新安江入库洪水预报方案时，汇集了当时产汇流理论方面的研究成果，并结合大流域洪水预报的特点，设计了国内第一个完整的流域水文模型：新安江流域水文模型（简称新安江模型）。最初提出的是二水源新安江模型，20 世纪 80 年代中期，借鉴山坡水文学概念和国内外产汇流理论方面的研究成果，赵人俊教授提出了三水源新安江模型。新安江模型有四个主要特征：空间水平方向上，解决降雨、蒸发、产流等水文元素的空间异质性问题；空间垂直方向上，按上层、下层、深层分别计算实际蒸发；在径流成分上，将径流划分成地表径流、壤中流和地下径流，部分解决汇流非线性问题；时间尺度上，解决了部分水源参数和汇流参数在不同时间尺度上的转换问题。新安江模型的核心是两条曲线：一条是土壤张力水蓄水容量曲线，用来反映一个流域上产流单元内决定产流量大小的亏水量在空间上的累积分布统计曲线，以一个参数定量表征流域空间异质性，与此同时，可运用经典的微积分方法计算出部分产流量、部分产流面积；另一条是土壤自由水蓄水容量曲线，用来刻画重力水出流速度，起到将径流成分划分为地表径流、壤中流、地下径流的作用。

6.1.2　模型结构

为了考虑降水和流域下垫面分布不均匀的影响，新安江模型的结构设计为分散性的，分为蒸散发计算、产流计算、分水源计算和汇流计算四个层次结构。新安江模型结构示意图如图 6 - 1 所示。

6.1.3　模型参数

流域水文模型大多数都是基于对流域尺度上实测响应的解释来构建的，包括模型中所

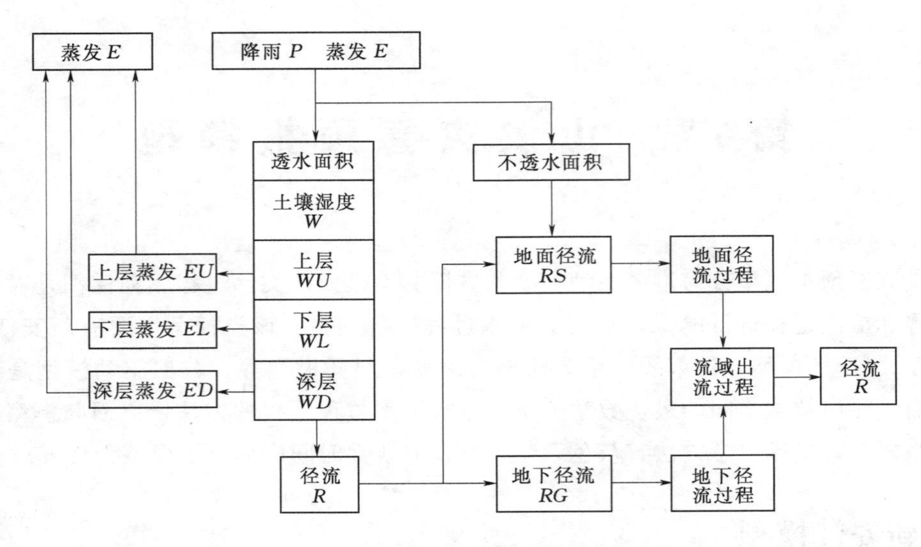

图 6-1 新安江模型结构示意图

考虑的因素、描述的方式和结构组成。影响流域降雨径流形成过程的因素众多，由于各因素所起的作用、描述或者概化方式及结构组成不同，所包含的参数也不同。

1. 参数分类

按参数对模型模拟计算精度影响程度的大小，可分为敏感性参数和不敏感性参数，按参数所具有的意义，可分为物理参数和经验参数，按参数是否随时间变化，可分为时变参数和时不变参数，按参数在流域降雨径流形成过程中所起的作用，可分为蒸散发参数、产流参数、划分水源参数和汇流参数。新安江模型参数表见表 6-1。

表 6-1　　新安江模型参数表

层次	第一层次	第二层次	第三层次		第四层次	
功能	蒸散发计算	产流计算	水源划分		汇流计算	
			二水源	三水源	坡面汇流	河道汇流
方法	三层模型	蓄满产流	稳定下渗率	自由水蓄水库	单位线或自由水库或滞后演算法	马斯京根或滞后演算法

2. 参数确定途径

(1) 具有明确物理意义的参数：直接量测或用径流试验或物理试验和物理关系推求。

(2) 纯经验参数：通过实测水文资料、气象资料及其他有关的资料反求。

(3) 具有一定物理意义的经验参数：可以先根据其物理意义确定参数值的大致范围，然后用实测水文、气象资料及其他有关的资料确定其具体数值。

3. 参数确定的难点

新安江模型是一个通过长期实践和在对水文规律认识基础上建立起来的概念性水文模型。模型大多数参数具有明确的物理意义，它们在一定程度上反映了流域的基本水文特征和降雨径流形成的物理过程。因此，原则上可以按其物理意义通过实测、实验、比拟等方法来确定。由于模型是在假设、概化和判断的基础上建立起来的，加上水文要素又十分复杂，在当前的观测技术条件下，还存在相当大的困难。

6.1.4 模型计算

1. 蒸散发计算

蒸散发计算采用三层模型，其参数有上层张力水蓄水容量 U_{M}，下层张力水蓄水容量 L_{M}，深层张力水蓄水容量 D_{M}，流域平均张力水蓄水容量 W_{M}，蒸散发折算系数 K_{C}，深层蒸散发系数 C，计算公式为

$$W_{M}=U_{M}+L_{M}+D_{M} \tag{6-1}$$

$$W=WU+WL+WD \tag{6-2}$$

$$E=EU+EL+ED \tag{6-3}$$

2. 产流计算

产流计算中采用蓄满产流。蓄满是指包气带的土壤含水量达到田间持水量。蓄满产流是指降水在满足田间持水量以前不产流，所有的降水都被土壤所吸收；降水在满足田间持水量以后，所有的降水（扣除同期蒸发量）都产流。其概念就是设想流域具有一定的蓄水能力，当这种蓄水能力满足以后，全部降水变为径流，产流表现为蓄量控制的特点。湿润地区产流的蓄量控制特点，解决了产流计算在这些地区处理雨强和入渗动态过程的问题；而降雨径流理论关系的建立，解决了流域降雨不均匀的分布式产流计算问题。

按照蓄满产流的概念，采用蓄水容量面积分配曲线来考虑土壤缺水量分布不均匀的问题。蓄水容量面积分配曲线是部分产流面积随蓄水容量而变化的累计频率曲线。

应用蓄水容量面积分配曲线可以确定降雨空间分布均匀情况下蓄满产流的总径流量。参数有流域平均张力水蓄水容量 W_{M}、张力水蓄水容量曲线的方次 B、不透水面积占全流域面积的比值 I_{M}，面积 M。实践表明，对于闭合流域，流域蓄水容量面积分配曲线采用抛物线型为宜，其线型对应公式为

$$\frac{f}{F}=1-\left(1-\frac{W'}{W_{M}M}\right)^{B} \tag{6-4}$$

3. 水源划分

按蓄满产流模型计算出的总径流量 R 中包括了各种径流成分，由于各种水源的汇流规律和汇流速度不相同，相应采用的计算方法也不同。因此，须进行水源划分。

（1）二水源。二水源的水源划分结构是根据霍尔顿的产流概念，用稳定下渗率进行水源划分的，其计算公式为

当 $P-E\geqslant FC$ 时，

$$\left.\begin{aligned}&RG=FC\times\left(\frac{f}{F}\right)=FC\times\left(\frac{R}{P-E}\right)\\&RS=R-RG\end{aligned}\right\} \tag{6-5}$$

当 $P-E<FC$ 时，

$$RS=0$$

$$RG=R \tag{6-6}$$

综上可知，只要知道了 FC，就可将总径流量 R 划分为地面径流 RS 和地下径流量 RG。水源划分的关键是确定流域的稳定下渗率 FC。最常用的方法是在流量过程线上找出地面径流 RS 的终止点，据此分割出地下径流 RG，然后进行试算。

二水源的水源划分结构简单，计算与应用方便。但方法经验性强，因为用一般分割地下径流的方法所分割出来的地面径流实际上常常包括了大部分壤中流在内。国内外学者研究成果表明，降雨停止至地面径流终止点之间的历时，实际上比较接近于壤中流的退水历时，远远大于地面径流的退水历时。因此稳定下渗率的界面不是在地面，而是在上土层和下土层之间。

存在的主要问题：

1）用 FC 划分水源是建立在包气带岩土结构为水平方向空间分布均匀的基础上，这种假定往往与实际情况不符。

2）用 FC 划分水源没有考虑包气带的调蓄作用，某些流域的实际计算结果表明，壤中流的坡面调蓄作用有时比地面径流大得多；直接进入地下水库没有考虑坡面垂向调节作用，即包气带的调蓄作用；由于地表径流和壤中流的汇流规律和汇流速度不同，两者合在一起采用同一种方法进行计算，常会引起汇流的非线性变化。

3）对许多流域资料的分析表明，即使是同一流域，各次洪水所分析出的结果也不相同，而且有的时候变化会很大，很难进行地区综合和在时空上的外延，应用时任意性大，常造成较大误差。

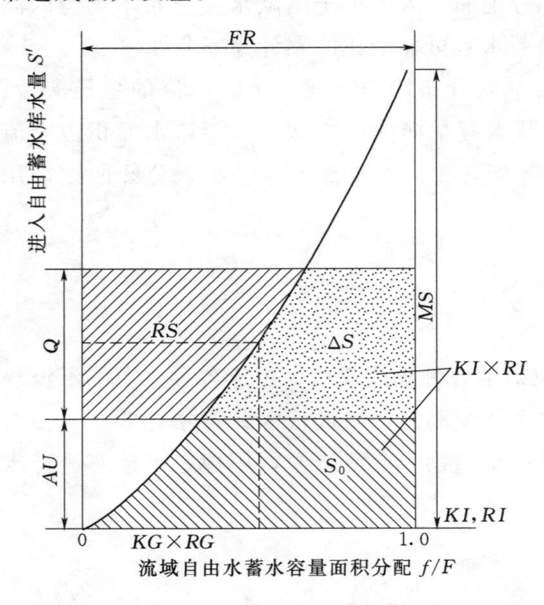

图 6-2　三水源的水源划分结构图

（2）三水源。三水源的水源划分结构应用了山坡水文学的概念，去掉了 FC，用自由水蓄水库结构解决水源划分问题。自由水蓄水库结构考虑了包气带的垂向调蓄作用。按蓄满产流模型计算出的总径流量 R，先进入自由水蓄水库调蓄，再划分水源。从图 6-1中可看出，产流面积上自由水蓄水库设置了两个出口，一个为旁侧出口，形成地面径流 RS；另一个为向下出口，形成地下径流 RG。

根据蓄满产流的概念，只有在产流面积上才可能产生径流，因为产流面积是变化的，因此自由水蓄水库的底宽也是变化的。在图 6-2 中还设置了一个壤中流水库，该水库用于壤中流受调蓄作用大的流域，即将划分出来的壤中流再进行一次调蓄计算。由于饱和坡面流的产流面积是不断变化的，因此在产流面积上自由水蓄水容量分布是不均匀的。水源划分结构是采用类似于流域自由水蓄水容量面积分配曲线来考虑流域内自由水蓄水容量分布不均匀的问题。流域自由水蓄水容量面积分配曲线是指：部分产流面积随自由水蓄水容量而变化的累计频率曲线。流域自由水蓄水容量面积分配曲线线型对应的公式为

$$\frac{f}{F}=1-\left(1-\frac{S'}{MS}\right)^{EX} \tag{6-7}$$

三水源的水源划分结构图如图 6-2 所示。图 6-2 中，Q 为某时刻进入自由水蓄水库的水量；KG 为自由水蓄水容量对地下径流的出流系数；KI 为自由水蓄水容量对壤中流的出流系数；FR 为产流面积。

6.2 水箱模型

6.2.1 模型简介

水箱模型又称坦克（Tank）模型，也称黑箱模型。水箱模型是通过降雨过程计算径流的一种降雨径流模型。水箱模型是应用较为广泛的流域水文模型。该模型最早由日本菅原正巳博士在 20 世纪 40 年代提出，主要发展时期是 1951—1958 年，60 年代已应用于日本各河流。1971—1974 年，主要是 70 年代初，水箱模型则普遍应用于世界。

由降雨推求流量过程线通常是采用单位线法。为了寻求一种非线性的新概念方法，菅原正巳采用了串联调蓄模型，后来称为坦克模型，即水箱模型。40 年代到 50 年代初，大量数据采用手摇机械计算机处理。70 年代到 80 年代，计算机有了很大发展，应用水箱模型计算一个流域的流量过程已十分方便，研究和应用水箱模型的人越来越多。80 年代到 90 年代初，甘肃省水文水资源勘测局选定省内部分小流域（有降水资料的）进行研究和调试，取得了初步成果和经验。

6.2.2 模型原理

水箱模型是一种科学实用的水文模型，已在全世界广泛应用，主要应用于水文预报、水文水资源计算、径流资料插补和水文测验检验等。

将一个流域视为一个水箱，经过调蓄把降雨过程转化为出口断面的径流过程，其间有一个复杂的物理过程。我们可以忽略这个物理过程，采用人工调节出孔大小和高度参数，模拟与实际流量过程近似的过程，这个过程就是水箱模型的参数率定。

水箱模型按流域特点可以设计为单水箱模型、串联水箱模型、并联水箱模型、串并混合水箱模型、溢流型水箱模型、调蓄型水箱模型和分箱型水箱模型等。按流域特性，有洪水模型、湿润地区模型、干旱半干旱模型、融雪模型和冰川模型等。

如果对水箱模型的各水箱做线性近似，则第一个水箱的半衰期为 1～3d；第二个水箱约为 7d；第三个水箱为 2 ～3 个月；第四个水箱为 6 个月左右。从上至下这 4 层水箱的出流，分别与地面径流、壤中流、准基流和基流接近，符合一个流域的产流、汇流物理过程。这说明水箱模型是一种科学实用的降雨径流模型。降水从顶罐投入，从顶罐减去蒸发量。如果顶罐没有水，则从第二层减去蒸发量。如果两层都没水，则从第三层减去蒸发

量。从侧面网点产出的是计算径流。从顶罐输出的径流被视为地表径流，从第二个坦克输出的径流是中间径流，从第三个坦克输出的径流是基地径流，从第四个坦克输出的径流为基流。水箱原理图如图 6-3 所示。

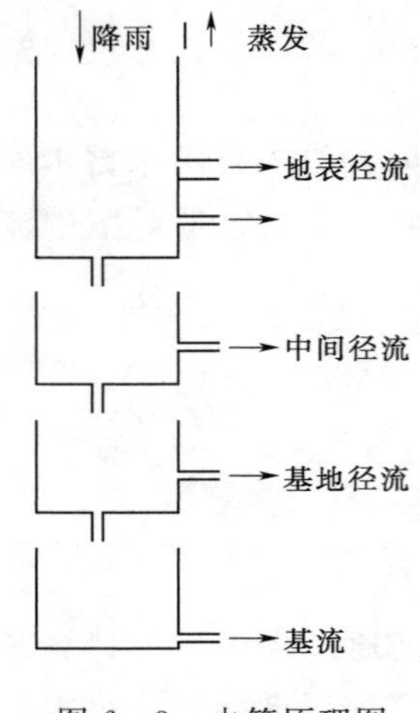

图 6-3　水箱原理图

水箱模型的基本思想是假定流域中的出流及下渗量，是流域相应蓄水深的函数。从这点出发，将流域雨洪转化过程的各个环节（产流、坡面汇流、河道汇流等）用若干个彼此相连的水箱进行模拟。以水箱中的蓄水深度为控制，计算流域的产流、汇流及下渗过程。较小的流域，可用若干个串联的直列式水箱模型模拟出流和下渗过程。考虑降雨和产、汇流的不均匀，需要分区计算的较大流域，可用若干个并联组合的水箱模型结构，模拟整个流域的雨洪转化过程。直列式水箱模型，每层水箱的侧边有出流孔，底部有下渗孔。上层水箱的入流为流域面上的降雨，下层水箱的入流为上层水箱的下渗量。各层水箱的出流量可理解为流域各蓄水层形成的不同水源的径流量。对二层水箱模型来说，上层水箱的出流量相当于地表径流，下层水箱的出流量相当于地下径流。

6.2.3　模型结构的一般设计

水箱模型结构的一般设计有以下 5 种：第一种为单水箱结构即指数型结构，是水箱模型最简单的一种形式，还可组合为分箱结构形式，对流域进行分块、分带处理；第二种为串联型结构即串联指数型，串联型结构是水箱模型中最常用的一种，该结构特别适用于湿润地区各河流；第三种是并联型结构即并联指数型，适用于流域内降水分布不均匀，以及干旱半干旱地区河流，并联结构与串联结构组合，形成串并混合型，更适用于干旱半干旱地区河流；第四种为调蓄型结构，该结构呈阶梯状，是水箱模型的一种特殊形式，是各种不同半衰期的综合，在降雨量不同时，自动地选择不同的单位过程线；第五种溢流型结构，降水进入第一水箱后，水箱如蓄满产生溢流，将溢流加入到第二水箱，依次下去。

不同流域的产流规律不同，要选择和设计一个适合的流域水箱模型结构，是一个重要的问题，需要结合降水特征考虑。流域有干旱型、半干旱型、湿润型、半湿润型、冰川型、融雪型和暴雨型等。上述几种水箱模型结构不适合于冰川型和融雪型。对于冰川型和融雪型要进行特殊结构设计，要考虑气候温度参数的应用。目前适用冰川、融雪的水箱模型结构正在试验阶段，还没有成熟的先例。了解土壤水分结构的变化，土壤水的含量与分布，土壤水、地下水运动规律，对于水箱模型结构设计和调试非常必要，可以使水箱模型的有关参数有机地与水运动规律结合起来，更深刻地了解参数的物理意义，从而加深对水箱模型结构的认识，在设计水箱模型结构和率定参数时取得比较好的效果。在设计和应用水箱模型时还应当考虑流域面积、流域长度对产流、汇流时间的影响。流域面积与产流、汇流时间关系见表 1。

表 6-2　　流域面积与产流、汇流时间关系

流域面积/km²	产汇流时间/h	流域面积/km²	产汇流时间/h
10	1/6	500	1
25	1/4	2000	2
100	1/2	5000	3

6.2.4 模型计算

1. 雨量资料、蒸发资料计算

雨量资料是应用水箱模型计算径流过程的基础，一个流域有没有代表性雨量资料，对于调试水箱模型参数十分重要。雨量资料的计算，是按调试模型的时段要求进行分时段计算，一般单位为日、小时，有必要和有条件时，还可以计算分钟雨量。流域平均降水量的计算较为简单，目前采用泰斯多边形法等方法。虽然从理论上讲一个雨量站资料只能代表一个点，对于一个面的代表性是有限的。特别对暴雨而言，分布很不均匀，在这种情况下，计算流域平均降水采用泰斯多边形法，实际上是不合适的，但目前没有更好的办法。解决这一问题的根本途径在于卫星图片或流域内的雷达测雨系统。蒸发量资料的计算方法与降水量资料的计算方法相同，蒸发量资料要换算成为水面蒸发，与降雨、径流深单位一致。通常在应用时直接从第一水箱减去流域平均水面蒸发量，在没有降水而且土壤含水量很低时，还要从第一水箱中减去实测值是不科学的。要研究其规律，尽可能地与实际值接近。

2. 流域出口流量计算

流域出口流量包括全部出口流量。有引水的，要与实测流量合并，并与降水资料的历时同步。在计算流量资料时，还要考虑流域内灌溉等用水问题，要用还原的方法将人为破坏了的径流过程还原成为天然过程，提高水箱模型参数的精度。

3. 水箱模型的率定

在应用水箱模型时，率定参数是最重要的一个环节，率定水箱模型参数是认真而细致的工作，率定的过程也是对一个流域加深认识的过程。当准备在一个流域试用水箱模型时，首先要根据流域的各种情况，选择、设计适合该流域的水箱模型结构。收集资料要齐全、可靠。对代表性强的系列，进行资料系列统计计算，编写程序，输入计算机，估算初始参数，反复率定和检验。最后选择误差最小、系统性最好、代表性最高的参数，并对其进行误差评价。对于工作中正式采用的参数要进行技术鉴定。在调试参数时，修改参数量要少，幅度要小，并同时观察输出结果。也可以采用优选法选择参数，在该参数的基础上，调试会方便得多。计算结果偏小时，应增大第一水箱出孔参数，减小第一水箱流入第二水箱的参数，或者减小第二、第三、第四水箱的出孔参数。计算结果偏大时，修改参数同前者相反。还可配合调节水箱出孔高度。降雨与径流（人工测验）均有随机误差，根据水量平衡原理，模拟也就是使计算的径流过程与实测径流过程相吻合。率定时要注意重视总趋势和总量的变化。在调整参数时，还可以配合调节雨量在流域中的分布权重，来修补采用泰斯多边形法计算流域平均降水带来的误差。蒸发量资料也同样重要，通常是在第一

水箱中直接减去流域的平均水面蒸发量得到，这是一种直观的方法。但在实践中，蒸发量的测验研究还是较落后的，误差较大。在干旱半干旱地区由于供水不充分，流域的实际蒸发量往往较实际水面蒸发能力小得多。如果直接从第一水箱中减去实测平均水面蒸发量，对总趋势和总量影响较大，因此也有人采用一个参数来调试蒸发量。采用这种方法时，可以不进行蒸发量资料统计计算，而是调节参数大小，从第一水箱中减去不大于最大水面蒸发量的参量，使计算与实测的总趋势、总量更加接近，达到比较理想的效果。对于蒸发量比较稳定的地区可以不考虑蒸发量。

6.3 HBV 模型

6.3.1 模型简介

HBV 模型全称为 Hydrologiska Byrans Vattenbalans model，是瑞典水利气象研究中心于 20 世纪 70 年代开发的用于河流流量预测和河流污染物传播的水文模型。为了水电厂的洪水预报，瑞典国家水文气象局（Swedish Meteorological and Hydrological Institute，SMHI）开发了 HBV 水文预报模型。当时开发该模型的主要目的是：

（1）它必须以可靠的科学依据为基础。

（2）能够在大多数流域上满足它对数据的要求。

（3）功能尽可能强大又不能太复杂。

（4）模型的结构能够得到合理的验证。

（5）能够让使用者易于理解。

事实证明，HBV 模型在解决水资源问题上具有易用性和灵活性的特点，全世界有 40 多个国家在使用不同版本的 HBV 模型，这些国家有着不同的气候条件，如瑞典、津巴布韦、印度和哥伦比亚，在其他国家的应用也日益增多。目前，该模型已被应用在瑞典的 200 多个有控制站的河流预报中，并在世界上 40 多个不同气候条件的国家成功应用。每个单元根据高程、湖泊和植被分成若干区域。该模型通常涉及日雨量和空气温度以及逐日或逐月蒸发能力估计。该模型并不只仅仅用于洪水预报也用于一些其他目的，例如溢洪道设计洪水计算、水资源评价、营养负荷估算。

在我国，HBV 模型的应用和研究比较少，成果相对较多的是中科院寒区旱区环境与工程研究所，其针对西北干旱区内陆河流域做了相关研究。其中康尔泗等根据径流形成过程和特征，应用 HBV 概念性水文模型的产流和汇流基本原理，对 HBV 模型进行改进。首先建立了用以模拟月径流量对气候变化响应的模型，对河西走廊黑河山区流域不同年平均气温和年降水量变化趋势条件下径流的响应进行了模拟计算。其次建立了西北干旱区内陆河出山径流概念性水文模型，应用该模型对河西走廊黑河祁连山北坡的山区流域水量平衡进行了模拟计算，并对年径流和逐月分配进行了预报。另外康尔泗等根据黑河流域山区流域径流模型对南水北调西线雅砻江温波调水坝址控制流域的水量平衡、融雪径流、产流和汇流特征以及出山径流量进行模拟计算和讨论，从而为西线南水北调调水坝址设计径流量的确定提供校核的依据和方法。赵彦增等应用 HBV 模型在半湿润半干旱的淮河官寨流域做研究，通过连续 8 年实测资料的分析处理、建模、参数率定以及径流模拟，从径流过程模拟成果可以看出，结果比较理想，可在我国推广应用。

6.3.2 模型基本原理

1. 模型结构

HBV 模型属于第二代模型，由于其致力于用尽可能简单而合理的结构模拟大多数主要的径流产生过程，因此在众多模型中表现得异常突出。HBV 模型确切地说是一个半分布式的概念性水文模型，它把流域分成许多子流域，每个子流域再根据高程、水面面积和下垫面类型分成许多不同带。

HBV 模型是一个降雨—径流模型，它包括了流域尺度上的水文过程概念性数值描述。一般的水量平衡方程定义为

$$P-E-Q=\frac{\mathrm{d}}{\mathrm{d}t}[SP+SM+UZ+LZ+Lakes] \tag{6-8}$$

式中 P——降水；

E——蒸散发；

Q——流量；

SP——雪盖；

SM——土壤含水量；

UZ——表层地下含水层；

LZ——深层地下含水层；

$Lakes$——水体体积。

模型直观图如图 6-4 所示。

HBV 模型通常包括三个主要的子程序：①降雪堆积和融化模拟；②土壤含水量计算；③河道演算过程计算。

HBV 模型包括一系列自由参数，它们的值可以通过率定而得到。同时也包括一些描述流域和气候特征的参数，假定它们的值在模型率定时不变。子流域的划分使得一个流域中可能有很多参数值。虽然在大多数应用中，各子流域之间参数值只有很小的变化，但是这些参数值的选取应该慎重。

2. 数据要求和修正

最流行的 SMHI 版 HBV 模型降雪程序通常以日数据运行，但只要数据允许，更高时间精度也同样可行。一般数据需求包括：子流域划分和连接、高程和土地覆被分布以及降水和气温时间序列资料（某些站点需要流量观测时间序列）。其他版本的模型可能要求更多数据输入。

土壤含水量计算程序需要的数据可能是蒸散发（possible evapotranspiration，PE）。通常月平均标准值已经足够，如果有更详细数据也适用。这些数据可以由彭曼公式或类似公式计算，也可以由蒸发皿测得。如果是使用后者，则在作为模型输入之前必须进行系统

图 6－4　模型直观图

误差修正。

同一地区各个子流域的平均气候资料通过一个简单计算权重的程序独立计算，权重的计算结果由气候和地形因素或几何方法（如泰森多边形法）确定。气候输入数据需进一步经过高程递减率参数校正，气温递减率通常设定为海拔每上升 100m 气温降低 0.6℃。降水递减率与地形关系密切，应根据当地的气候因素设定。

在校验模型之前，可以先用公式（如二次样条公式）把不正确和不同类型的数据（降雨、径流、温度）检测出来，同时，通过打印月报表、年报表、时区报表，可以发现丢失数据的时间段。

3. 降雪

对不同高程和植被带，降雪程序独立地计算降雪的堆积和融化。当气温在临界温度（T_t）以下时，假定降水堆积为雪。为了计算未知的降雪和冬天蒸发，雪的堆积量经降雪修正因子修正。当气温在临界温度 T_t 之上时开始融化，融雪量表达式为

$$M_s = C_s(T_a - T_t) \tag{6-9}$$

式中　M_s——融雪量，mm/d；

C_s——气温日融雪率，mm/℃ · d；

T_t——临界温度，℃；

T_a——日平均气温，℃。

融雪量只有在液态水超过其持雪能力之后才会产生径流，通常将其阈值预设为10%。如果融雪过程中断，则雪中自由水重新结成冰，影响其再结冰系数通常预设在程序代码中。

因此，HBV模型降雪模块需要确定的自由参数主要有T_t和C_s两个。如果把流域分成不同植被带，则参数个数成倍增加。通常地，降雪堆积和融化的临界温度设定为一个阈值。

HBV模型的降雪计算程序主要出现在挪威、芬兰和瑞士的改进版本中。其介绍了在不同林带中重新划分降雪的统计程序，还介绍了在冰河融化程序方面的尝试。

4. 土壤含水量

土壤含水量计算模块计算整个流域的湿润指数，同时结合植被截留能力和土壤蓄水能力，主要由三个自由参数控制：土壤最大蓄水容量FC，一定土壤含水量条件下降雨或融雪对径流量的相对贡献系数$BETA$，以及可能蒸散发量变形曲线形状控制参数LP。当土壤含水量低于LP时实际蒸散发相应下降。

随着土壤湿度增大径流产生量逐渐上升，因此可以说该模块计算流域内土壤特征的小范围变化。

最近为了提高模型在春夏天气冷暖异常变化时的模拟效果，引进了一种经过改进的蒸散发程序。该程序根据日平均气温和多年平均值的修正计算气温的异常，计算公式为

$$ET_a=[1+C(T_a-T_m)]ET_0 \tag{6-10}$$

式中　ET_a——修正后的可能蒸散发，mm/d；

C——经验模型系数，1/℃；

T_m——多年月平均气温，℃；

T_a——日平均气温，℃；

ET_0——多年月平均可能蒸散发，mm/d。

修正后的可能蒸散发须为正值，且不能超过月平均值的2倍。在检验的8个流域中，该程序给出了令人满意的结果。

5. 径流响应

土壤含水量模块产生的每个子流域超渗水量，由径流响应模块转化为各子流域出流量。该模块由两个包含下列自由参数的水库组成：三个消退系数K_0、K_1、K_2；一个起涨点UZL；一个渗透率常数$PERC$。对产生的径流过程进行过滤修匀。过滤中使用一个包括自由参数MAXBAS的三角形权重函数。标准的HBV模型通过马斯京根法（Muskingum）与其他汇流公式相结合生成径流预报，同时，径流预报过程也可得到校验（在非常复杂的水库运行调度情况下，径流预报过程必须校验）。

下层模拟水库包含各个子流域的湖泊，但是在后来的模型版本中，湖泊的洪水演算也可以很好地由蓄泄关系模拟代替，这种模拟由各主要湖泊出口断面定义的子流域划分实现。

当一个河流的集水区被划分成几个子流域时，HBV模型可以先预报每个子流域的径流，然后再把各个子流域产生的从上游到下游的出流累加起来，形成全流域的出流。

如果流域存在水库，在应用 HBV 模型时，若将大流域划分为若干个子流域，水库应位于子流域的出口处。HBV 模型先计算水库的入流（包括降落在库区的雨量以及水库水面自身的蒸发量），然后根据调度规则或频率曲线得到水库的出流。调度规则与水库出流、水库水位以及时间序列有关，同时它也与水库的用水量有关。

在 HBV 模型中，洪水演算响应中自由参数相对过多，造成模型过于参数化的危险。因此，人们致力于开发一种较少参数的程序。而且经验表明，经过一些训练之后可以很容易地估计其中的一些参数。同样已经证明，一个清晰的湖泊洪水演算程序能够简化模型中消退参数的率定，因为大部分洪水的衰减是由湖泊调控的。

6. 模型率定

HBV 模型在最简单情况下，只有一个子流域且只有一个植被类型，则总共有 12 个自由参数。模型率定通常采用人工检验和试错方法，通过不断改变参数值直至找到一个与观测值相符合的参数值为止。评价模型的结果主要根据统计学标准，通常采用纳什和萨克利夫于 1970 年提出的 R^2 值，可表示为

$$R^2=\frac{\sum(\overline{Q}_0-Q_0)^2-\sum(Q_c-Q_0)^2}{\sum(\overline{Q}_0-Q_0)^2} \tag{6-11}$$

式中 Q_0——实测流量，m^3/s；

$\overline{Q}_0$——实测流量平均值，m^3/s；

Q_c——计算流量，m^3/s。

如果模拟结果与实测值完全吻合，则 R^2 等于 1；若模拟结果不能比实测流量平均值更好，则 R^2 等于 0。如果 R^2 为负值，则说明模型不适用或是数据不合理。

模型结果的评价还可以采用图表形式，图表中画出计算值和实测值之间的累积误差。这种图表能够反映水量平衡的任何偏差，尤其在模型率定初始阶段效果更明显，比如降雪修正因子 C_{SF} 的估值。

对模型参数进行自动率定的程序最近被开发出来。这种方法基于大量手动率定的经验，在以后的应用中将会代替手动率定。但是这并不意味着完全不需要人工检查和人工干预，因为计算机不能像人眼那样灵活和普遍地找到统计规律。正是由于参数率定的结果因人而异，因此在主观方面需要付出一定的努力才能找到合适的模型参数。

在模型的各种应用中，不可能指定固定长度的实测资料来进行模型率定。而且重要的是，实测资料包含了各种水文事件，这些事件能够使模型各个子程序的运行效果被我们所识别。在北欧斯堪的纳维亚地区的应用中，通常 5～10 年的资料已经足够。

7. 结果输出

由于统计标准的限制，为了能与实测数据作比较，模型结果的清楚输出尤为重要。如果能够把数据输入、各主要水量平衡要素和容许误差显示成图表形式，就能有效地把模拟值和观测值之间的累积误差有效地表示出来。不同版本 HBV 模型系统显示的输入和输出不尽相同。

6.3.3 模型在流域径流模拟中的应用

HBV 模型最初用于水文预报，之后应用领域逐渐扩大，如今已经覆盖实时预报、数

据质量控制、流量资料的插补和延长、设计洪水、水量平衡制图、水量平衡研究、气候变化影响模拟，以及地下水过程模拟等。另外，还有由 HBV 模型改进的 PULSE 模型，可用于水质研究和不规则流域模拟。

1. 实时预报

北欧斯堪的纳维亚地区对水文系统洪水预警和水库来水预报的要求，促进了水文模型的有效运用。预报包括短期的（预见期只有几天）和长期的（预见期可包括整个融雪季节，约几个月）。短期洪水预报通常把气象预报作为输入。通常情况下，这种预见期应用于由梯级水库组成的水电厂实时洪水预报及优化调度系统中。

长期预报依据当前的水文条件，HBV 模型使用历史统计值来进行季节性水库的多年调度或洪水风险评估，判断洪水风险大小和水库再蓄水的可能性。这种服务既提高了社会效益，又可以向社会提供有用信息，减少洪水造成的危害。

在斯堪的纳维亚地区，洪水预报的主要季节是春季，但在夏秋雨洪季节，模型也同样有效。

2. 流量资料的插补延长和控制

瑞典国家信息网有时把 HBV 模型用作流量资料质量控制的工具。事实证明，该模型对记录资料中人为扰冰影响的修正是行之有效的，输出结果有助于判断观测水位的变化与融雪或降雨之间联系的密切程度。另外，也有很多情况运用模型来分析流量资料的不均匀性。

流量资料的插补延长是 HBV 模型的直接应用，这种方法在气象资料比水文资料完善的地区非常有用。

3. 设计洪水

1990 年，瑞典采用了新的溢洪道设计和计算的指导思想。瑞典设计洪水决策委员会严密地分析了设计中应用的方法，得出结论：与水库模拟相联系的水文模型对融雪和降雨混合洪水的多水库系统最为可行。

新的溢洪道设计和计算指导思想遵循的区域设计顺序为：降水，流域大小、高程和时间的修正，以及水文模拟。这种指导方针与拥有众多水库的瑞典水力发电系统相配套，因此水库调度措施是必须考虑的因素。对于高风险大坝，可以通过反复模拟找到洪水各发生因素的最危险时刻。

为了满足新指导思想的要求，瑞典国家水文气象局设计一个使用 HBV 模型提供水库入流过程的计算机系统。在挪威也有简单版本的 HBV 模型用于同样目的。

由于 HBV/IHMS 系统软件中的“洪水设计”模块是以 1990 年瑞典颁布实施的《大坝溢洪道设计开发规则》为基础开发的。因此，如果其他国家想使用这一功能，则溢洪道的水文设计规则必须与瑞典相似。当然，也可以通过修改模块本身来适应不同的溢洪道设计规则，但必须对各方面进行仔细研究。

4. 水量平衡大纲制图

HBV 模型已经产生了相当多的研究项目及其副产品，其中最重要的一项是实用的水量平衡大纲制图的发展，该图由瑞典国家水文气象局制作。这种水量平衡大纲制图通过描述积雪符号，图解说明瑞典水文状况。事实证明，这是一种直观了解该国水文情势的有用工具。

5. 水量平衡研究

与溢洪道设计大纲的工作相联系，HBV 模型被用于全国范围洪水发生过程相互作用和时间预报的研究。该研究说明洪水发生临界时间的重要性以及对最后指导方针的巨大作用。

这种模拟技术也用于土壤含水量的统计计算，主要是与森林破坏研究及对森林管理措施对径流的影响分析有关。

6. 气候变化影响研究

人们对气候变化的威胁及其对水资源影响的日益关注，引起关于应用水文模型作为分析手段可能性的讨论。虽然地域性气候变化存在不确定性，但早在 20 世纪 90 年代，水文模型就被用于气候变化对水资源影响的研究中。HBV 模型可以用来研究气候变化对径流模式、土壤湿度、地下水变化和蒸散发的研究。在这方面，挪威和芬兰用 HBV 模型做过尝试。这方面应用必须仔细考虑当地气候特点、模型稳定性和可能的植被反馈机制等问题。

7. 地下水模拟

HBV 模型的另一个副产品是反映气候输入的地下水模拟模型。这种模拟需要对模型饱和带作修改。由于地下水响应的成功模拟，地下水库大纲制图使得水量平衡大纲制图更完善。

8. 流域水质模拟

HBV 模型经过改进，产生了一个新的模型——PULSE 模型，用于水质监测（即模拟浅层地下水过程）。PULSE 模型的大部分结构与 HBV 模型非常相似，只是它可以更好地模拟浅层地下水过程，从而进行水化学状况的模拟。它被用于水流酸性短期变化的研究和非点源污染运移模拟，并且越来越广泛地用于模拟已知模型参数条件下的无观测站流域的径流预报。

Arheimer 和 Brandt 对 HBV 模型进行改进开发了 HBV－N 模型，模拟计算从根层到流域出口氮的运移。发生在土壤饱和带和湖泊的氮运移采用经验公式进行计算。对土地利用产生的弥散渗漏、水面的大气沉降和点源负荷，都可以进行计算。Bergström 采用 HBV－N 模型，在瑞典西南部一个没有湖泊以农业用地为主导的小流域（9.8km^2，65％耕地），对水量和氮浓度进行联合模拟。

6.4 萨克拉门托模型

6.4.1 模型简介

萨克拉门托（Sacramento）流域水文模型简称萨克模型，是美国天气局水文办公室萨克拉门托预报中心，在第Ⅳ号斯坦福模型基础上改进和发展的。由于萨克模型功能比较完善，又有自己的特点，因而应用比较广泛。我国南方有很多流域采用这种模型作为预报方法，在我国北方却极少应用，但萨克模型具有良好的物理概念和模型结构，通过必要的改进与扩充，可以使其适用于寒冷地区的径流模拟。萨克拉门托流域模型参数较多，关系比较复杂，要有效地率定其参数，首先应该确定参数的物理范围。按影响土壤蓄水状态和径流变化的敏感程度对参数进行分类，萨克拉门托流域模型阐述了利用流量过程线或流域特性初步分析估计萨克拉门托土壤蓄水量模型参数初值的方法。

萨克水文模型把流域面积设计为不透水面积和透水面积两部分，不透水面积部分又分为不变和可变两种，可变不透水面积以其贮积水量对全部张力水容量之比来反映它的可变性；透水面积部分，其土壤分为上下两层，每一层都有两种形式的贮积水，即“张力水”和“自由水”。张力水是紧密包围土壤颗粒的水，而自由水是因重力而能运动的水。对于任何一层，张力水容量相当于该层的田间持水量，自由水容量是介于该层饱和水容量和田间持水量之间的那部分水容量，张力水只供蒸散发，自由水在不同的条件下，消耗于垂直方向的渗透和水平方向的侧向流。当两种水分平衡失调时，部分自由水转变为张力水以供蒸散发。两层之间用一个下渗方程联结起来。对于透水面积上层土壤来说，水分首先满足张力水容量，剩余水分才作为自由水蓄积，而下层土壤，模型则考虑土壤分布不均匀性，用一个常系数（$PFREE$）将渗透水量（$PERC$）的一部分（$PERC \times PFREE$）分配给自由水，另一部分［$PERC \times (1-PFREE)$］供给张力水，当张力水容量满足后，所有渗透水补给自由水。

6.4.2 模型原理

萨克模型是集总参数型连续运算的确定性流域水文模型，是用一系列具有一定物理概念的数学表达式来描述的概念性模型。萨克模型是以土壤含水量储存、渗透、排水和蒸散发的物理过程为基础进行综合模拟河川径流的流域模型，模型的参数、所用的变量和模拟的过程具有一定的物理意义，易于理解，便于根据实测的降水、流量及流域特征资料估算其初值，萨克模型结构如图 6-5 所示。

萨克模型中，土壤蒸发、产流按统一分层计算，包括河道水面在内，都考虑蒸发损失，土壤蒸发与蒸发能力、土壤含水量成正比。

萨克模型认为河道径流由四种水源组成，即不透水面积上的直接径流，透水面积上的地表流、壤中流和基流（包括快速、慢速地下水）。直接径流是不透水面积上的降雨所致，上层土壤水容量全部满足后的过剩降雨作为地表流进入河道，壤中流源于上层自由水，基流则源于下层自由水，其产流量均正比于相应的自由水蓄量。萨克模型使用短的时间步长分段计算，以此来模拟土壤水分运动的连续性，分段数随着上层自由水量而变，控制步长不超过 5mm。

6.4.3 模型主要特点

萨克模型的特点有很多，其中有三个最主要的特点，分别如下：

(1) 萨克模型具有蓄满与超渗产流的特性。

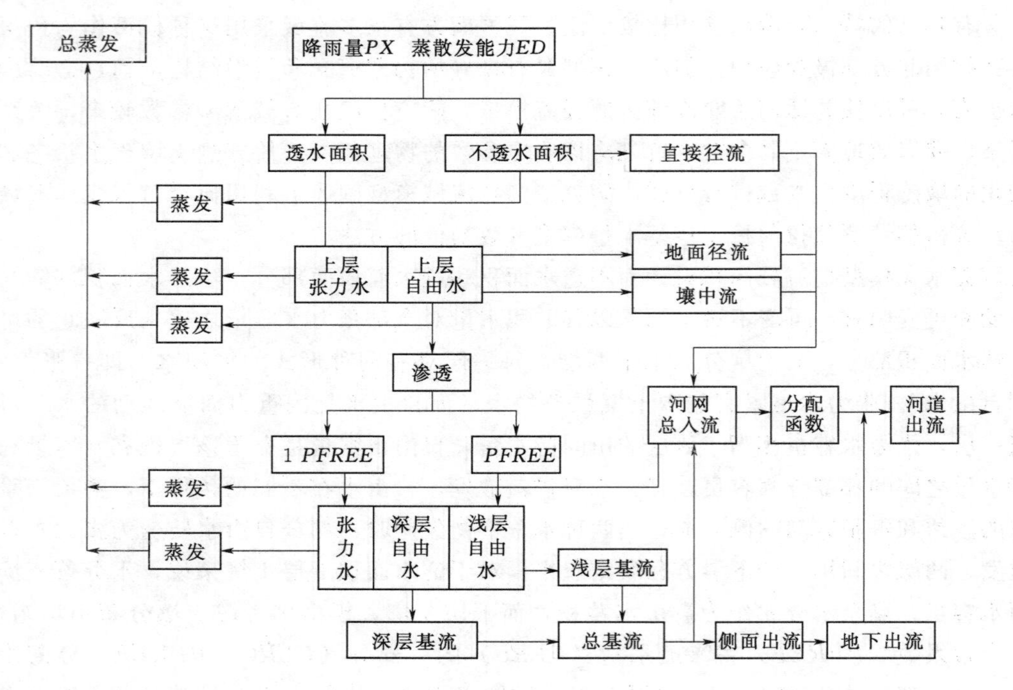

图 6-5 萨克模型结构图

（2）萨克模型是一个集总性为主并适当考虑分散的多参数模型，模型参数较多，产流部分达 17 个，有些并不独立，这也是它的特点之一，这给参数调试带来困难。

（3）地下径流（快、慢速地下水）、壤中流的出流系数都是按线性水库出流计算，使计算大为简化，又满足精度要求，此为萨克模型一大优点。

6.5 回归模型

6.5.1 模型简介

回归模型具有简单实用、易于实现等优点，其原理和方法很早就引入到水文预报的应用当中。其关键步骤包括预报因子与预报对象的相关性分析、预报因子的选取、回归系数的确定等。

在洪水预报中，如遇到支流注入和区间降水加入与上断面洪水形成不同的遭遇组合情形（即多输入、单输出），问题就显得复杂。传统的方法如马斯京根法、特征长河法，在这种情况下往往无能为力。因此，近年来国内外逐渐从系统分析角度来解决有支流河段的洪水预报问题。从所见报道来看，通常用于预报的这类模型是直接将实测输入和输出系列进行相关，这就要求河段系统有高度线性特征，并且满足平稳的前提。另外，在随机水文学中，一般是用实测资料减去系列均值，从而做中心化处理。

事实上，水文系列一般呈现某些确定性的周期特征，例如年（逐日）流量过程线就呈明显的汛期和枯期。若在建立预报方案时能考虑这些信息，同时消除这类成分导致的不平稳问题，将大有裨益。本节在滑动自回归模型（auto-regressive and moving average model，ARMA）中不采用实测值，也不采用扣除系列均值的中化变量，而是采用扣除季节均值后的变量。季节均值被当成相对稳定的成分在预报中加以利用，使这类模型适应性更强。

洪水预报中常见的另一类问题是模型参数的外延使用，即在模型的调试期估计出最优参数后，假定在检验期乃至实用期也是最优的。这种做法不但有弊病，而且浪费了新的信息，同时外延范围也不能太大。在外延一定时间后，必须重新对参数进行调试，否则将不同程度地影响预报精度。从系统角度看，水文参数是时变的，通常的时不变假定并不符合实际。因此，在洪水预报中理想的做法是采用能够利用新信息的、时不变的、最优的参数。为达此目的，国内外已研制并运用了一些新的方法，例如卡尔曼滤波法、仪器变量法等。

6.5.2 遗传门限回归模型原理

遗传门限回归模型是由 H. Tong 博士首创的门限自回归模型的扩展，其基本思路就是依某变量的不同取值范围，采用若干个线性回归模型来描述非线性关系，其一般形式为

$$x(k,i-d)\in[r(j-1),r(j)](i=1,2,\cdots)$$

则

$$y(i)=b(j,0)+\sum_{s=1}^{ns}b(j,s)x(s,i)+e(j,i) \qquad (6-12)$$

式中 $r(j)$——门限值（$j=1, 2, \cdots, L-1$）$r(0)=-\infty, r(L)=+\infty$；

L——门限区间的个数；

$b(j,s)$——第 j 个门限区间内的回归系数；

$\{y(i)\}$——因变量序列；

$\{x(s,i)|s=1:ns\}$——自变量序列；

ns——自变量个数；

$\{x(k,i-d)\}$——门限变量；

d——门限延迟步数；

$\{e(j,i)\}$——对每一固定的 j 是固定方差的白噪声序列，各 $\{e(j,i)\}$ 之间相互独立。

由于 TR 模型是分区间的线性回归模型，*TR* 模型常规的建模方法是试选一种门限变量，对门限区间个数、门限值和门限延迟步数等各种不同参数组合进行试验，以 *TR* 模型残差平方和或 AIC 函数值最小为准则，多次反复优选，从中得到一组相对最佳的参数值。

TR 模型的建模过程，实质上是一个对 d，$r(1)$，$r(2)$，…，$r(L-1)$ 和 $b(j, s)$ 的高维寻优问题，常规方法的计算量很大，从而在某种程度上限制了其适用范围。在以往研究成果的基础上，本节给出了基于遗传算法的一套简便、实用的 TR 模型建模方案，它包括如下 3 个步骤：

（1）根据物理成因机制确定自变量集 $\{x(s)\}$ 与因变量 y，用相关分析技术确定 TR 模型的回归项、门限变量和门限延迟步数 d。设自变量序列 $\{x(s, i)\}$ 与因变量序列

$\{y(i)\}$的样本相关系数为 r，则根据抽样分布理论，当$|r|>r_m=t_{\frac{a}{2}}/(t_{\frac{a}{2}}^2+n-2)^{0.5}$时，则认为它们是相关的，否则它们是独立的。其中，$a$ 为显著水平，n 为样本容量，$t_{a/2}$ 为自由度 $n-2$ 的 t 分布双侧检验的临界值，r_m 为相关显著所需的最低相关系数值。TR 模型的回归项应与这些相关性显著的自变量相对应，其中，相关系数绝对值最大的自变量作为门限变量，d 为因变量 $\{y(i)\}$ 与门限变量 $\{x(k, i)\}$ 之间的时移相关系数最大绝对值所对应的时移。

（2）根据门限变量与因变量的散点图确定 TR 模型的门限区间个数 L 和门限值 $r(1)\sim r(L-1)$ 的寻优范围。当散点图中的点群大致呈分段线性分布时，就可考虑采用分段线性模型来描述自变量与因变量之间的关系，这也正是 TR 模型的基本思路。即根据分段线性的段数来确定门限区间的个数 L，在分段线性的转折点附近确定各门限值 $r(1)\sim r(L-1)$ 的搜索范围，从而有效地减少了 TR 模型建模的寻优工作量。

（3）用加速遗传算法（accelerating genetic algorithm，AGA）直接在模型相对误差绝对值和最小准则下优化各门限值 $r(1)\sim r(L-1)$ 和各门限区间内的回归系数 $b(j, s)$，即

$$\min f[r(1),\cdots,r(L-1);b(j,s)]=\sum_i |y'(i)-y(i)|/y(i) \tag{6-13}$$

式中 i——样本序号，$i=1, 2, \cdots, ni$，ni 为样本容量；

j——门限标号，$j=1, 2, \cdots, L-1$；

$y'(i)$——式（6-12）中除白噪声项以外的所有项（即遗传门限回归模型的估计值），它是各门限值 $r(1)\sim r(L-1)$ 和各门限区间内回归系数 $b(j, s)$ 的函数；

$y(i)$——因变量的观测值。

作为一种通用的优化方法，AGA 可方便地求解上述复杂的优化问题。

6.5.3 滑动自回归模型原理

河段洪水预报中常见的 ARMA 模型形式为

$$Q_{(m+1)}=a_1Q_{(m)}+a_2Q_{(m-1)}+\cdots+a_pQ_{(m-p+1)}+w_0I_{(m+1)}+\cdots+w_qI_{(m-q+1)} \tag{6-14}$$

式中 Q——出口断面流量；

I——上断面流量；

a_i、w_i——系数。

式（6-14）中是单输入、单输出类型，如果其输入是白噪声，则与随机水文学中的 ARMA 模型重合，后者的一般形式为

$$\left.\begin{aligned}&y_{(m+1)}=j_1y_{(m)}+\cdots+j_py_{(m-p+1)}+X_{(m+1)}-\theta_1X_{(m)}-\cdots-\theta_qX_{(m-q+1)}\\&y(i)=Q_i-\overline{Q}\end{aligned}\right\} \tag{6-15}$$

式中 y——中心化变量；

$\overline{Q}$——系列均值；

j、θ——参数；

X——随机变量。

式（6-14）、式（6-15）适用于平稳系列。如果在式（6-15）中扣除季节均值，则

可望消除相应的影响，在预报中用类似于式（6-15）的估计值 $y_{(m+1)}$ 加上相应的季节均值就得到相应的预报值，从而达到双重目的。消除季节成分影响的日模型形式为

$$y_{(m+1)}=a_1 y_{(m)}+\cdots+a_p y_{(m-p+1)}+b_0 x_{(m+1)}+\cdots+b_q x_{(m-q+1)} \tag{6-16}$$

式中 y、x——扣除自相应季节均值后的变量；

a、b——参数。

季节均值表示为

$$S_d=\frac{1}{n}(S_{d,1}+S_{d,2}+\cdots+S_{d,n}) \tag{6-17}$$

式中 $S_{d,i}$——第 i 年第 d 日的水文变量（$i=1\sim n$，$d=1\sim 365$）；

n——参加计算的调试期年数；

S_d——第 d 日的季节值。

由于 S_d 呈不太合理的波动，宜采用富氏级数法对其作光滑处理。对日过程而言，取4项，计算公式为

$$S_d=\bar{S}+\sum_{j=1}^{4}\left[A_j\cos\left(\frac{2\pi jd}{365}\right)+B_j\sin\left(\frac{2\pi jd}{365}\right)\right] \tag{6-18}$$

其中

$$d=1:365$$

$$\bar{S}=\frac{1}{365}\sum_{d=1}^{365}S_d$$

$$A_j=\frac{2}{365}\sum_{d=1}^{365}S_d\cos\left(\frac{2\pi jd}{365}\right)$$

$$B_j=\frac{2}{365}\sum_{d=1}^{365}S_d\sin\left(\frac{2\pi jd}{365}\right)$$

对于有支流及区间降雨加入的河段，其洪水预报可以仿照式（6-16）建立多输入、单输出的ARMA模型来实现，即

$$y(m+1)=\sum_{j=1}^{p}a_j y_{(m-j+1)}+\sum_{j=1}^{j}\sum_{k=1}^{M_j}b_j(k)x_{j(m-k-r_j+1)} \tag{6-19}$$

式中 x_j——第 j 个输入相应的中心化变量；

M_j——相应于此输入所取的项数；

b_j——相应的参数，为相应滞时；

j——输入系列的总数。在式（6-19）中等式右端 y 为实测值中心化变量，整个系统处于实时预报方式。

从系统分析的角度看，仅仅让模型在流量预报方面处于实时预报方式仍不十分令人满意，还可以进一步对流量预报进行卡尔曼滤波，即针对流量建立状态方程和量测方程，采用状态递推的方式进行实时预报。甚至还可以采用两个平行的滤波器对流量和参数双双滤波校正。基于参数为时变的观点，采用迭代最小二乘法对参数进行在线估计。

迭代最小二乘法的概念是在新的资料被测取后，利用这部分资料对原先估计的参数进行逐步校正递推，而不必重复进行普通最小二乘法的参数估计。这样就减少了大量的计算量，同时利用了新的信息，避免了由于参数外延引起的风险。

若式（6－19）写成矩阵形式，对于三输入、单输出的一阶模型，即ARMA（1，1）为

$$Y(m+1)=\begin{bmatrix} y(2) \\ y(3) \\ \vdots \\ y(m) \end{bmatrix}\begin{bmatrix} y(1) & x_1(2) & x_1(1) & x_2(2) & x_2(1) & x_3(2) & x_3(1) \\ y(2) & x_1(3) & x_1(2) & x_2(3) & x_2(2) & x_3(3) & x_3(2) \\ \vdots & \vdots & \vdots & \vdots & \vdots & \vdots & \vdots \\ y(m-1) & x_1(m) & x_1(m-1) & x_2(m-1) & x_3(m) & x_3(m) & x_3(m-1) \end{bmatrix}\begin{bmatrix} a(1) \\ b_1(1) \\ b_1(2) \\ b_2(1) \\ b_2(2) \\ b_3(1) \\ b_3(2) \end{bmatrix} \tag{6-20}$$

式（6－20）可简写成

$$\boldsymbol{Y}=\boldsymbol{\Phi A} \tag{6-21}$$

式中 $\boldsymbol{Y}$、$\boldsymbol{A}$——向量；

$\boldsymbol{H}$——矩阵。

对式（6－21）进行最小二乘法求解，其解为

$$\hat{\boldsymbol{A}}=[\boldsymbol{H}^{\mathrm{T}}\boldsymbol{H}]^{-1}\boldsymbol{H}^{\mathrm{T}}\boldsymbol{Y} \tag{6-22}$$

由式（6－22）可推导出时变参数递推公式为

$$\hat{\boldsymbol{y}}_{(m+1)}=\boldsymbol{H}^{\mathrm{T}}_{(m+1)}\hat{\boldsymbol{A}}_{(m)} \tag{6-23}$$

$$\hat{\boldsymbol{A}}_{(m+1)}=\hat{\boldsymbol{A}}_{(m)}+\boldsymbol{G}_{(m+1)}[\boldsymbol{y}_{(m+1)}-\hat{\boldsymbol{y}}_{(m+1)}] \tag{6-24}$$

$$\boldsymbol{P}_{(m+1)}=\boldsymbol{P}_{(m)}-\boldsymbol{G}_{(m+1)}\boldsymbol{H}^{t}_{(m+1)}\boldsymbol{P}_{(m)} \tag{6-25}$$

$$\boldsymbol{G}_{(m+1)}=\boldsymbol{P}_{(m)}\boldsymbol{H}_{(m+1)}[1+\boldsymbol{H}^{\mathrm{T}}_{(m+1)}\boldsymbol{P}_{(m+1)}\boldsymbol{H}_{(m+1)}]^{-1} \tag{6-26}$$

式中 $\boldsymbol{G}$——参数修正权重参数；

$\boldsymbol{P}$——协方差矩阵 $(H^{\mathrm{T}}H)^{-1}$；

$\boldsymbol{H}^{\mathrm{T}}_{(m+1)}$——经过 $\boldsymbol{m}$ 次计算后新增数据；

$\boldsymbol{y}$、$\hat{\boldsymbol{y}}$——实际和预估的输出流量系列中心化变量。

式（6－23）利用估计的参数进行预报，式（6－24）对参数进行校正，式（6－25）对协方差矩阵进行较正，式（6－26）估计校正权重系数。

利用式（6－23）求出 $\hat{\boldsymbol{y}}$ 后，相应的预报流量为

$$\hat{\boldsymbol{Q}}_{(m+1)}=\boldsymbol{Q}_{d(m+1)}+\hat{\boldsymbol{y}}_{(m+1)} \tag{6-27}$$

6.6 人工神经网络模型

6.6.1 模型简介

人工神经网络（artificial neural networks，ANN），亦称为神经网络（neural networks，NN），是由大量处理单元（神经元）广泛互连而成通过模拟人的大脑神经处理信

息的方式，进行信息并行处理和非线性转换的复杂网络系统。人工神经网络约由 10^{11} 个神经元交织在一起，构成一个网状结构。它能完成诸如智能、思维、情绪等高级神经活动，被认为是一种复杂、完美、有效的信息处理系统。由于神经网络具有强大的学习功能，可以比较轻松地实现非线性映射过程，并且具有大规模计算的能力。因此，它在自动化、计算机和人工智能领域都有着广泛的适用性，实际上也确实得到了大量的应用，解决了很多利用传统方法难以解决的问题。它是根植于神经科学、数学、统计学、物理学、计算机科学及工程等学科的一种技术。

传统的工程数值模型是建立在对系统物理过程具有良好理解的基础之上的，称为知识驱动模型（或过程驱动模型等）。在模型当中，系统物理规律以方程的形式予以表达，并通过有限差分、有限元等数值方法求解，观测数据用于模型验证。相反，所谓的数据驱动模型是在有限了解系统物理知识的基础上，仅以系统状态变量作为模型输入、输出，分析系统数据的特点，建立系统状态变量之间的对应关系。数据驱动模型以人工神经网络、模糊逻辑、专家系统和机器学习等方法实现。数据驱动模型是单纯地建立输入、输出数据之间的映射关系，区别于知识驱动模型建立确定描述两者之间物理规律的方程。同数据驱动模型相比，过程驱动模型需要详细的系统物理知识去刻画系统的物理过程。数据驱动模型表达式为

$$(y_1,\cdots,y_i,\cdots,y_n)=F(x_1,\cdots,x_i,\cdots x_n) \tag{6-28}$$

式中 $(x_1,\cdots,x_i,\cdots x_n)$、$(y_1,\cdots,y_i,\cdots,y_n)$——系统的输入、输出变量；

F——反映输入、输出变量之间非线性关系的函数。

6.6.2 模型原理

1. 生物神经元

神经元模型是基于生物神经元的特点提出的。人脑由大量的生物神经元组成，神经元之间互相有连接，从而构成一个庞大而复杂的神经元网络。神经元是大脑处理信息的基本单元，生物神经元结构如图 6-6 所示。神经元主要由细胞体、树突和突触（也叫神经键）3 部分组成。细胞核、细胞质和细胞膜组成细胞体。细胞体的作用是接受和处理信息。树突是细胞体向外延伸的纤维体，是神经元接受其他神经元信息的通道。神经元的信息输出通道是轴突，是细胞体向外延伸最长、最粗的树枝纤维体，也叫神经纤维，它的长度从几 μm 到 1m 左右都有。轴突末端也有许多向外延伸的树枝状纤维体，称为神经末梢，它是神经元信息的输出端，用于输出神经元的动作脉冲。髓鞘纤维和无髓鞘纤维是轴突的两种结构形式，两者传递信息的速度不同，前者约为后者的 10 倍。神经元之间传递信息的输入/输出接口是一个神经元的神经末梢与另一神经元树突或细胞体的接触处，称为突触。每个神经元约有 10^3 ～ 10^4 个突触。

生物神经元系统具有如下六个基本特性。

（1）神经元之间相互连接。

（2）神经元之间的连接强度决定信号传递的强弱。

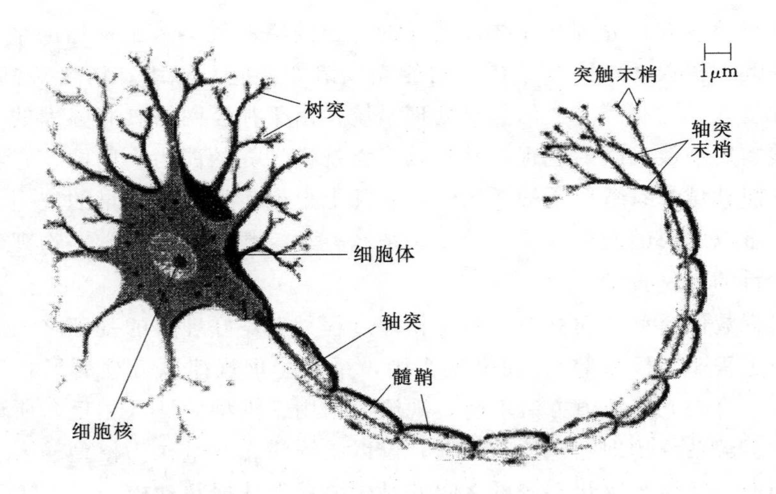

图 6-6　生物神经元结构

(3) 神经元之间的连接强度是可以随训练而改变的。

(4) 信号可以起抑制作用，也可以起刺激作用。

(5) 一个神经元接收的信号的累积效果决定该神经元的状态。

(6) 每个神经元可以有一个“阈值”。

2. 人工神经元模型

由生物神经元传递信息的过程，可以看出神经元一般表现为一个多输入、单输出的非线性器件，即它的多个树突和细胞体与多个神经元轴突末梢突触连接并且每个神经元只有一个轴突作为输出通道，人工神经元数学模型如图 6-7 所示。

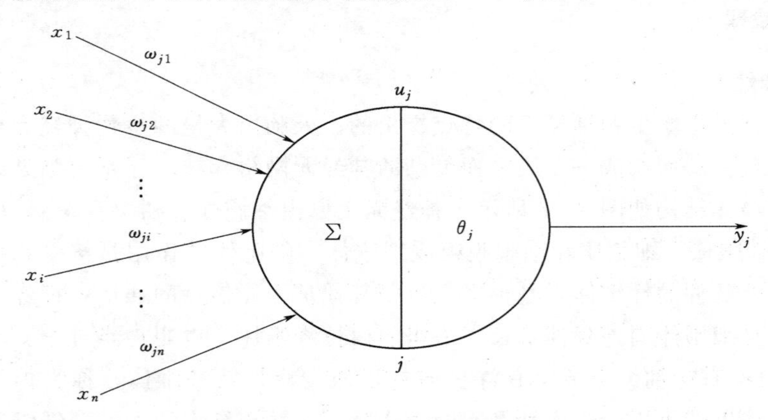

图 6-7　人工神经元数学模型

图 6-7 中，u_j 为神经元 j 的内部状态；θ_j 为阈值；x_i 为输入信号；y_j 为输出信号；ω_{ji} 为与神经元 x 连接的权值。

神经元模型常用一阶微分方程来描述，它可以模拟生物神经网络突触膜电位随时间变化的规律。神经元的输出由函数 $f(\cdot)$ 表示，又称激活函数（activation function），其作用是模拟生物神经元所具有的非线性转移特性。一般利用以下函数表达式来表现网络的非线性特征。

(1) 阈值型，为阶跃函数。其表达式为

$$f(x)=\begin{cases}1 & x\geqslant 0\\0 & x<0\end{cases} \tag{6-29}$$

(2) 线性型。其表达式为

$$y=f(x)=x \tag{6-30}$$

(3) S型（Sigmoid函数）。其表达式为

$$y=f(x)=\frac{1}{1+\mathrm{e}^{-tx}} \tag{6-31}$$

式中　t——常数。

S型函数反映了神经元的饱和特性，由于其函数连续可导，调节曲线的参数可以得到类似阈值函数的功能，因此被广泛应用于神经元的输出特性中。

6.6.3　模型在洪水预报中的研究进展

1. 国外研究进展

French等讨论了人工神经网络在水文科学领域研究中具有的优势。S. K. Jain等将人工神经网络方法应用在水库入流量预测及水库运行方面，并且将人工神经网络模型和自回归滑动平均模型进行了比较。Sajikumar等采用多层次前向网络及回归网络进行月径流预报。Coulibaly等采用回归网络（recurrent neural net，RNN）进行区域性年径流预报。Halff等（2000）设计了一个三层的前向人工神经网络，用以模拟5场华盛顿贝尔维尤的降雨径流过程。Hjehmfelt和Wang（2000）在人工神经网络的框架里实现了单位线的生成，取得了一定的成功。Zhu等（2000）在无当前时段流量资料值的情况下仅用雨量资料离线（off-line）预测流量，在线（on-line）预测则依据雨量及前期流量。C. W. Dawson、R. L. Wilby（2001）将人工神经网络应用在降水—径流建模和洪水预报上。B. Sivakuma等（2002）研究了运用阶段空间重建和人工神经网络两种非线性黑箱方法来预测河流向前一天和向前七天的日流量预测。

2. 国内研究进展

冯国章等（1998）建立了基于径流形成机理的以时段降水量与前期径流量为预报因子的前向多层人工神经网络径流预报模型，提出了以模型评定与预报检验共同高效或等效的模型选择的折中方法，以及按模型适宜预报域进行多模型组合预报的最佳预报域组合法。王巧霞等（1999）应用人工神经元网络信息系统，采用欧洲数值预报格点资料和山西临汾地区实时资料相结合，研制出临汾地区中期分级降水滚动预报系统，解决了天气预报计算中的非线性问题，且计算速度快、稳定性强，是数值预报产品的解释应用。冯光柳等（2000）介绍了神经元方法降水预报系统在1999年汛期中对三峡地区的强降水预报试用情况及预报能力，结果表明，该系统对降水过程有一定的预报能力，特别是对转折性天气及强降水过程的预报效果更好。周佩玲等（2001）利用基于遗传算法（genetic algorithm，GA）改进的径向基函数（radial basis function，RBF）网络建立了以时间序列为对象的预

测模型，提出了基于模型的数据处理方法，并且对安徽省蚌埠地区42年来6—8月的降水量进行预测，结果表明该模型在时间序列预测中有良好的推广和应用能力。张利平等（2002）将成因分析、统计方法与人工神经网络相结合，挑选出影响白山水库汛期入库流量的前期大气环流影响因子，建立了逐步周期分析模型和逐步多元回归与人工神经网络的耦合模型。结果表明，所建模型合理，预报效果好，精度高。任妮等（2006）实现了对复杂流域降雨径流的预报，基于各雨量站对径流模拟影响不同的特点，采用两轴法计算流域平均日雨量，把汛期和枯水期分开来建模，使降雨径流模型的预报更为准确。张海亮等（2006）建立了6种概念性洪水预报方案，研究模糊数学、遗传算法等数学方法在水文预报中的应用，通过使用遗传算法和模糊数学来优化洪水预报模型，提高神经网络模型洪水预报的精度。吴春梅等（2011）利用粒子群算法和投影寻踪技术构造神经网络的学习矩阵，基于负相关学习的样本重构方法生成神经网络集成个体，进一步用粒子群算法和投影寻踪回归方法对个体集成，生成神经网络集成的输出结论，建立基于粒子群算法，投影寻踪的样本重构神经网络集成模型。

6.6.4 模型算法

人工神经网络方法是实现数据驱动模型最普遍的方法之一，特别是Rumelhart（1986）提出的反向传播（back propagation，BP）算法，其能在训练样本的基础之上逼近任意的非线性连续函数。因此，人工神经网络BP算法是再现非线性函数的最有效方法。采用BP人工神经网络实现数据驱动模型是其基本方法。其中，神经元函数选用双曲型Sigmoid函数（S型函数）为

$$f(x)=\frac{1}{1+\mathrm{e}^{-x+\theta}} \tag{6-32}$$

式中 θ——阈值。

算法中采用均方根误差（root mean square error，RMSE）评价网络的学习和预测能力，其表达式为

$$RMSE=\sqrt{\frac{\sum_{i=1}^{n}(Y_i-\overline{Y}_i)^2}{\sum_{i=1}^{n}Y_i^2}} \tag{6-33}$$

式中 n——样本数；

Y_i——潮位实测值；

$\overline{Y}_i$——潮位的神经网络预测值。

对BP网络中的所有数据进行统一标准的归一化处理为

$$\overline{Y_i}=\frac{Y_i-Y_{\min}}{Y_{\max}-Y_{\min}} \tag{6-34}$$

式中 $\overline{Y_i}$——归一化后的值；

Y_i——归一化前的值；

$Y_{\max}$——所有数据中的最大值；

Y_{min}——所有数据中的最小值。

6.6.5 模型的开发与实现

模块完全采用 Microsoft Visual Basic 面向对象程序设计语言编程设计，具有对象化、可视化和交互式的优点，程序界面友好，思路清晰，易于操作。考虑到区域评价预测的特殊性，用户可以方便地选取欲用于评价预测的指标体系。在神经网络学习训练过程中，用户不必考虑神经网络的内部结构。对于学习过程必要的参数，用户可采用系统推荐的默认值，亦可自行调试，这使得对 BP 神经网络了解不多的用户也完全可能通过程序得到正确满意的评价预测结果。同时高级用户还可以选用各种优化快速算法以改进网络的学习效率。而对于诸如训练后的网络节点间权重等信息，给出隐式结果，向深入研究变量因素间相互关系的用户提供方便。神经网络评价预测模型思路框图如图 6-8 所示。具体应用时，首先，根据以往研究程度较高地区得出的经验，确定一定数量的已知样本，依据危险性程度的不同，划分为不同山洪危险等级，量化后作为输出层结点的期望输出。用这些已知样本对网络进行训练，直至网络总误差达到精度要求。然后，通过神经网络的联想记忆功能直接输出预测结果，用户可以根据回判和预测结果，确定是否需要重新学习，是否需要调整已知样本中的矛盾样本。直到用户满意后，将预测结果写入区文件相应字段，即可显示成图。

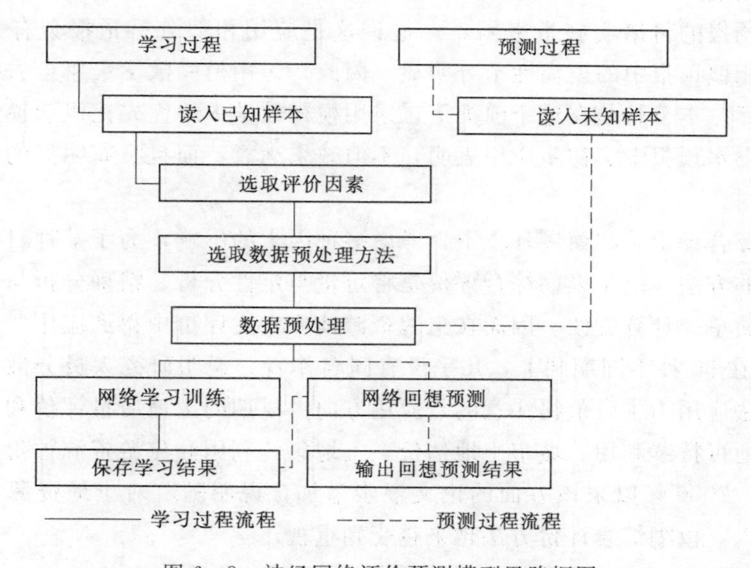

图 6-8 神经网络评价预测模型思路框图

6.7 模糊数学方法

6.7.1 方法简介

创立模糊数学的美国加州大学教授 L·A·札德，提出了复杂性与精确性之间的不相容原理，进而又给出了模糊概念的定量方法，从此就产生了模糊数学。精确地研究水文预报理论是十分必要的，但若从防汛角度上来看，人们最关心的是超过警戒水位的洪水及其出现时间。若把“警戒水位以上”作为一个集合，其实质就是一个模糊集合的概念。它表示当河流中流量大于警戒水位所相应流量值以上的任何一个数值时，就是所有这些流量值的集合。并且还可以在“警戒水位以上”再人为地确定一个“危险水位”模糊集合的概念。同样对于洪峰流量、暴雨、干旱程度等均可以作如上分档，这就很自然地使水文预报与模糊集合之间产生了有机联系。

在洪水预报作业中，还常常采用相似分析方法，补充分析判断预报对象出现的可能性，以达到增强把握性、提高预报精度的目的。

一般来说相关分析用于分析两个时间序列或一个时间序列里时间相差一个固定时距的数量间关系，相似分析则用于分析两个时间中的空间场（一维或多维相空间）各对应点之间的关系。所不同的是相关只考虑少数指标与预报量之间的关系，但却要求较长的时间序列。相似不要求任何时间序列，但却要求两个时间的空间场有尽可能多的特征量相近。简而言之，相关具有最大的时间外延和最小的内涵，相反，相似则具有最大的内涵和最小的时间外延。这正是在洪水预报作业中采用相关与相似分析相结合的主要原因。虽然相似可以用相关指数表示，但至今还没有一个满意的表征相似的量，一般是预报员经验地从历史上找相似，多以定性分析为主，这就不但难以避免主观性，而且在综合相似程度、数值化方面也给洪水预报的付诸实施带来困难，也许这是应用相似分析预报会有失误的原因之一。鉴于洪水相似预报中的模糊性十分明显，因此，运用模糊数学集概念去描述就更为合理些，切合实际。本节就是在这个前提下，采用模糊数学中的优先比概念摸索构成表征相似的量应用于洪水预报中。初步应用表明，不但效果满意，而且具有明显的优越性，是有益的尝试与探讨。

同时模糊综合评价是在模糊环境下，考虑多种因素的影响，为了某种目的对评价对象做出综合决策的方法。由于模糊综合评价是将定量与定性分析、精确分析与不确定性分析相结合，模型简单、计算方便，因而在土地资源地质水文评价中得到应用。最大的特点是56篇论文分布在50种不同期刊上，几乎没有同名作者，说明研究人员分散；论文多以模糊综合评价方法应用为主。值得注意的是应用方向由早期的土地质量评价和土地适宜性评价逐步转向土地可持续利用、城市土地估价、土地集约利用和旅游资源评价方面。从时间分布统计来看，2000年以来该方面的论文逐步增加，说明随着对土地资源复杂系统评价研究的逐步深入，模糊综合评价方法越来越受到重视。

模糊综合评价模型在应用时，重要的是根据研究对象确定评价指标和进行单因素评价。单因素评价可采用模糊统计法和构造隶属函数的方法。根据问题的特点，构建单因素评价的隶属函数是模糊综合评价方法应用的创新点。为防止信息丢失，模糊变换的算子可取普通矩阵算法。另外，应注重对评价结果的解译。模糊综合评价除上述已有的应用方面外，在土地生态安全评价、脆弱生态区评价、遥感信息评价、新农村建设方案评价、土地复垦方案与实施效果评价等热点研究方面将逐步得到应用。借助GIS技术可以更好地展示水文评价结果的空间分布规律。

6.7.2 方法原理

1. 模糊优先比

优先比就是模拟人的思维方法以成对样品与一个固定样品同时作比较，以确定这两个样品中哪一个与固定样品更相似，也就是在选择与固定样品的相似对象时，这一对备选样品中哪一个优先选上的问题。在选择中认为：

(1) 在二选一中是有优先程度的，不是绝对的。

(2) 所有选中的对象只是相对优于其他一个而被选上，并非绝对的相似。

(3) 对于两个备选对象必须选中其中之一，或者是两个选择是等价的，而不能两个都予以拒绝。

设模糊集 $Z=\{x_1, x_2, \cdots, x_n\}$，同时将 x_i、x_j 与一个固定样品作比较（i、$j=1, 2, \cdots, n, i, j\neq k$）。定义在 Z 上的优先比 r 应满足要求：

(1) 若 $r(x_i, y_j)$ 在 $[0.5, 1]$ 之间，表示 x_i 比 x_j 优先，若 $r(x_i, y_j)$ 在 $(0, 0.5)$ 之间，表示 x_j 比 x_i 优先。

(2) 在极值情况下：①若 $r(x_i, x_j)=1$ 则表示 x_j 优先；②若 $r(x_i, x_j)=0$，则表示 x_j 显然比 x_i 优先；③若 $(x_i, x_j)=0.5$，即处于中间值，表示 x_i 与 x_j 两者无优先性。

对于一组 n 个备选样品对象，即由各对备选样品对象的 $r(x_i, x_j)$(i、$j=1, 2, \cdots, n$) 构成一个 $n\times n$ 阶的模糊优先比矩阵 R。假定 R 矩阵的元素具备两个特性：

(1) $r_{ii}=1(i=1, 2, \cdots, n)$。

(2) $r_{ij}+r_{ji}=1(i, j=1, 2, \cdots, n; i\neq j)$。

其中 (1) 表示在 x_i 本身中做选择，当然永远选上 x_i，故 $r_{ii}=1$；(2) 表示宁可选 x_i 不选 x_j 的比重是 1 减去宁可选 x_j 而不选 x_i 的比重。

2. λ-水平集

当样品容量大时，往往很难用目测来判断它们之间的关系，为此可用建立 λ-水平集来解决这个困难。$\boldsymbol{R}_\lambda$ 是一个 $n\times n$ 阶的普通矩阵，定义 $\lambda\in[0, 1]$，对于选定的 λ，其元素有

$$\begin{cases} r_{ij}=1, & r_{ij}\geqslant\lambda \\ r_{ij}=0, & r_{ij}<\lambda \end{cases}$$

对于上述矩阵，有

$$R_{0.9}=\begin{bmatrix} 1 & 1 & 0 \\ 0 & 1 & 0 \\ 0 & 0 & 1 \end{bmatrix}, R_{0.7}=\begin{bmatrix} 1 & 1 & 0 \\ 0 & 1 & 0 \\ 1 & 1 & 1 \end{bmatrix}$$

同理可推出入为其他水平时的 R_λ 矩阵。

由于 R_λ 的元素非 0 则 1，因此它是普通矩阵而不是模糊矩阵。如果在某一行上的元素都达到 1，那么就说明在 λ 水平上该所属对象比其他都优先。从这个意义上来讲，可以把矩阵中的元素看作一个对象的优先性呈现的显著水平。

3. 优先比 r_{ij} 的确定

当确定了固定样品时，就可对成对的备选样品计算优先比。如果以绝对距离（或海明距离）表征两个样品之间的差异，则优先比可定义为

$$r_{ij}^{(k)}=\frac{D_{kj}}{D_{ki}+D_{kj}} \tag{6-35}$$

$$r_{ji}^{(k)}=1-r_{ij} \tag{6-36}$$

$$D_{ki}=|x_k-x_i|$$

$$D_{kj}=|x_k-x_j|$$

式中　x_k、x_i和x_j——固定样品、第 i 个备选样品和第 j 个备选样品的变量 x 值。

4. 模糊聚类法

(1) 数学原理。模糊聚类分析的基本思路是将所考察对象进行合理分类，先将样本的种种性质数量化，形成样本指标。如果样本有 m 个指标，就可以用 m 维来描述该样本，该样本之间的关系常用相似系数 r、距离 d 来表示，r 越接近 1，d 越小，则两种样本越接近。

(2) 计算步骤。设有 M 个变量 X_1，X_2，…，X_M，每个变量有 M 个样本，每个样本看作 M 维空间的一个点。数据形式用矩阵描述为

$$\begin{pmatrix} X_{11} & X_{12} & \cdots & \cdots & X_{1M} \\ X_{21} & X_{22} & \cdots & \cdots & X_{2M} \\ \vdots & \vdots & \ddots & & \vdots \\ \vdots & \vdots & & \ddots & \vdots \\ X_{N1} & X_{N2} & \cdots & \cdots & X_{NM} \end{pmatrix}$$

要对这 N 个样本进行模糊聚类，首先需建立模糊等价关系，其次按不同水平样本进行分类，具体计算步骤包括：

1) 对数据进行标准化处理。为了使不同类型的变量在同等量级下进行比较，必须进行标准化处理，其计算公式为

$$X'_{ij}=\frac{X_{ij}-\overline{X_i}}{\sigma_j}(i=1,2,\cdots,N,j=1,2,\cdots,M) \tag{6-37}$$

其中

$$\overline{X_i}=\frac{1}{N}\sum_{i=1}^{n}X_{ij}$$

$$\sigma_j=\sqrt{\frac{1}{N-1}\sum_{i=1}^{n}(X_{ij}-\overline{X_j})^2}$$

2) 对标准化后的数据计算各样本间的相似系数，建立模糊相似关系矩阵，计算公式为

$$r'_{ij}=\frac{\sum_{k=1}^{M}X_{iki}\cdot X_{jki}}{\sqrt{\sum_{k=1}^{M}X_{ik}^2\cdot\sum_{k=1}^{M}X_{jki}^2}}(i,j=1,2,\cdots,N) \tag{6-38}$$

3）把在［－1，1］之间取值的相似系数压缩在［0，1］之间，令 $r_{ij}=0.5+\frac{r'_{ij}}{2}$，得出各样本的模糊关系矩阵 $R=[r_{ij}]$。

4）通过合成运算 $R=R\cdot R$，$R^4=R^2\cdot R^2$，$R^8=R^4\cdot R^4\cdots$将模糊关系矩阵 $\boldsymbol{R}$ 改造为模糊等价关系矩阵 $\boldsymbol{R}$。

这里定义：$S=R\cdot R$

S 的元素 $s_{ij}=\bigvee_{k=1}^{N}(r_{ik}\wedge r_{kj})$。

符号∧和∨的意义如下：

设 A∧B 为任意实数，则 A∧B＝min(A，B)；A∨B＝max(A，B)

若当某一步 $k(k\leqslant \ln N/\ln 2)$，使 $\boldsymbol{R}^{2^{k+1}}=\boldsymbol{R}^{2^k}$，则令 $\boldsymbol{R}^*=\boldsymbol{R}^{2^k}$；此时 $\boldsymbol{R}^*$ 满足下面 3 个性质：①反身性：$r_{ii}^*=1$；②对称性：$r_{ij}^*=r_{ji}^*$，其中 $0\leqslant r_{ij}^*\leqslant 1$；③传递性：$\boldsymbol{R}^*\times\boldsymbol{R}^*\leqslant\boldsymbol{R}^*$。

5）改造后矩阵 $\boldsymbol{R}^*$ 的元素表示分类对象彼此间相似的程度。将 $\boldsymbol{R}^*$ 的元素从大到小排序作为规定水平 λ 值（$0\leqslant\lambda\leqslant 1$），使

$$CR_{\lambda(i,j)}=\begin{cases}1, & R^*(i,j)\geqslant\lambda\\0, & R^*(i,j)<\lambda\end{cases}$$

得出由粗到细的分类，选 $\boldsymbol{R}^*$ 的元素最小值分为 1 类，第二个最小值分为 2 类，选第 K 个最小值分为 K 类。

6.8 灰色系统模型

6.8.1 模型简介

在控制论中，把内部信息已知的系统称为白色系统，内部信息未知的系统称为黑色系统，介于两者之间的称为灰色系统（既含有已知的又含有未知的或非确知的信息系统）。严格来说，灰色系统是绝对的。对于两个系统之间的因素，其随时间或不同对象而变化的关联性大小的量度，称为关联度。在系统发展过程中，若两个因素变化的趋势具有一致性，即同步变化程度较高，即所谓两者关联程度较高；反之，则较低。因此，灰色关联分析方法，是根据因素之间发展趋势的相似或相异程度，亦即"灰色关联度"，作为衡量因素间关联程度的一种方法。灰色系统理论提出了对各子系统进行灰色关联度分析的概念，意图透过一定的方法，去寻求系统中各子系统（或因素）之间的数值关系。因此，灰色关联度分析对于一个系统发展变化态势提供了量化的度量，非常适合动态历程分析。该模型由一个单变量的一阶微分方程构成。

在水文测验中，山区性河流特高水位时，洪水暴涨暴落，历时短，流速大，漂浮物多，最大洪峰流量难以施测。为推求高水位未测得的洪峰流量，可用多种方法进行高水延长。灰色系统理论对如何解决包含已知和未知信息系统的问题提供了新途径。灰色系统所建立的 GM(1，1) 模型应用于水位流量关系的高水延长，是基于原水位流量关系的已知

信息，用“累加生成”对原始数据进行处理，再用生成数据建立 GM（1，1）模型，并对实测的水位流量关系进行拟合，外延推求高水流量。

我国华中理工大学的邓聚龙教授从1979年开始研究参数不完全的大系统、未知参数系统的控制问题，并于1982年正式提出和创立了灰色系统理论。不但思想新颖而且具有较高的实用价值，正在经济技术领域广泛应用。应用 GM(1，1）模型进行长期洪水预测，经检验精度较高，结果令人满意，是目前长期洪水预报中较好的方法之一。邓聚龙教授主张充分利用灰色系统中的白色信息来求解控制问题。用灰色参数、灰色方程和灰色矩阵来描述灰色系统的行为。

与回归分析方法相比，灰色理论对资料要求不严格，要求的样本量不大，少数几个有代表意义的样本也可以做工作。这比较适应于灾害分析中目前资料不足的状况。离散的 GM(1，1）解是指数形式。对于广义的能量系统，其行为特征是否都是指数形式并不一定。但将系统的行为数据列作累加生成，几乎毫无例外地出现指数性质的过程。另一方面，GM(1，1）是按现实时刻 $t=n$，以过去的全体数据建模，GM(1，1）模型是连续的时间函数。从理论上说，该模型可以从初值 $X^{(0)}$（1）一直延伸到未来任何一个时刻。不过对于本征性质系统，或者说广义的能量系统来讲，随着时间的推移，未来的一些扰动、因素等，将不断进入系统造成影响，且当 $a<0$ 时，指数解在 $k\rightarrow\infty$ 时，$e^{-ak}\rightarrow\infty$。而任何能量系统的能量总是有限的，不可能无限膨胀。故而作为 GM(1，1）模型，有预测意义的数据仅仅是数据 $X^{(0)}(n)$ 以后的一两个数据，其他更远的数据则不是预测数据，而是规划性数据。随着未来发展，可以认为 GM(1，1）计算的预测数据预测意义越来越小。解决这个问题的办法是使数据新陈代谢，模型不断更新。

6.8.2 模型原理及计算方法

GM(1，1）反映了一个变量对时间的一阶微分函数，其相应的微分方程为

$$\frac{dx^{(1)}}{dt}+ax^{(1)}=u \tag{6-39}$$

式中 $x^{(1)}$——经过一次累加生成的数列；

t——时间；

a、u——待估参数，分别称为发展灰数和内生控制灰数。

建立一次累加生成数列，设原始数列为

$$X_0=X^{(0)}(1),X_0=X^{(0)}(2),\cdots,X_0=X^{(0)}(n)$$

做一次累加，得到生成数列（n 为样本空间）为

$$X_1=[x^{(1)}(1),x^{(1)}(2),\cdots,x^{(1)}(n)] \tag{6-40}$$

其中

$$x^{(1)}(i)=\sum_{M=1}^{i}x^{(0)}(M),i=1,2,\cdots,n$$

利用最小二乘法求参数设

$$B=\begin{bmatrix} -\frac{1}{2}[x^{(1)}(1)+x^{(1)}(2)] & 1 \\ -\frac{1}{2}[x^{(1)}(2)+x^{(1)}(3)] & 1 \\ \vdots & 1 \\ -\frac{1}{2}[x^{(1)}(n-1)+x^{(1)}(n)] & 1 \end{bmatrix}$$

$$y_n=[x^{(0)}(2),x^{(0)}(3),\cdots,x^{(0)}(n)]^{\mathrm{T}} \tag{6-41}$$

参数辨识

$$a,u:\hat{a}=\begin{bmatrix} a \\ u \end{bmatrix}=(B^{\mathrm{T}}B)^{-1}B^{\mathrm{T}}y_n \tag{6-42}$$

求出 GM(1，1）的模型

$$\hat{x}^{(1)}(i+1)=\left[x^{(0)}(1)-\frac{u}{a}\right]\mathrm{e}^{-ai}+\frac{u}{a} \tag{6-43}$$

$$\begin{cases} \hat{x}^{(0)}(1)=\hat{x}^{(1)}(1) \\ \hat{x}^{(0)}(i)=\hat{x}^{(1)}(i)-\hat{x}^{(1)}(i-1),i=2,3,\cdots,n \end{cases} \tag{6-44}$$

对模型精度的检验

1. 残差检验

计算残差数列

$$\varepsilon^{(0)}(i)=x^{(0)}(i)-\hat{x}^{(0)}(i) \tag{6-45}$$

2. 后验差检验

首先计算原始数列 $x^{(0)}(i)$ 的均方差 s_0。其定义为

$$s_0=\sqrt{\frac{S_0^2}{n-1}} \tag{6-46}$$

$$S_0^2=\sum_{i=1}^{n}[x^{(0)}(i)+\overline{x}^{(0)}]^2$$

$$\overline{x}^{(0)}=\frac{1}{n}\sum_{i=1}^{n}x^{(0)}(i)$$

然后计算残差数列的均方差 S_1。其定义为

$$S_1=\sqrt{\frac{S_1^2}{n-1}} \tag{6-47}$$

$$S_1^2=\sum_{i=1}^{i}[\varepsilon^{(0)}(i)-\overline{\varepsilon}^{(0)}]^2$$

$$\overline{x}^{(0)}=\frac{1}{n}\sum_{i=1}^{n}\varepsilon^{(0)}(i)$$

由此计算方差比 $c=\frac{S_1}{S_0}$ 和小误差概率

$$P=\{|\varepsilon^{(0)}(i)-\overline{\varepsilon}^{(0)}|<0.6745\cdot S_0\} \tag{6-48}$$

最后根据预测精度等级划分表（表 6-3），检验得出模型的预测精度。

表 6-3　　预测精度等级划分表

小误差概率 p 值	方差比 c 值	预测精度等级
>0.95	<0.35	好
>0.80	<0.5	合格
>0.70	<0.65	勉强合格
$\leqslant 0.70$	$\geqslant 0.65$	不合格

如果检验合格，则可以用模型进行预测。即用

$$\hat{x}^{(0)}(n+1)=\hat{x}^{(1)}(n+1)-\hat{x}^{(1)}(n) \tag{6-49}$$

作为 $x^{(0)}(n+1)$ 的预测值。

6.9　非线性时间序列分析模型

6.9.1　模型简介

作为雨洪系统的输出—洪水时间序列，它包含了系统中各种变量的过去信息，同时蕴含着大量关于系统演变的规律和趋势，这样的时间序列往往是不可逆的，非线性相依的偏态序列，并且存在着广泛的频幅相依特性。在进行洪水预报时，传统法多采用线性化技术，但预报精度并不理想，因此要提高预报精度，有必要考虑洪水的非线性特性。基于此，本节用指数自回归模型进行洪水预报研究，实例分析表明该模型可提高洪水预报精度。本节的尝试工作为洪水预报提供了一种可行的模型。洪水时间序列是由具有时空变化特性的暴雨经流域产、汇流而得到的流域系统输出过程，它包含了系统中各种变量（影响因子）的过去信息，同时蕴含着大量关于系统演变的规律和趋势。它常常具有以下几种特性：①呈偏态分布或多峰概率密度分布；②频幅相依，比如振动周期增加，振幅增大；③Z_t与Z_{t-k}非线性相依；④具有时间不可逆性，如洪水涨快落慢，其过程不可逆。

传统的洪水预报时间序列分析技术多是假定洪水呈线性变化关系，通常表示为

$$Z_{t+k}=F(Z_t,Z_{t-1},\cdots,Z_{t-1})+X_{t+k} \tag{6-50}$$

式中　$\{Z_t\}(t=1,2,\cdots,N)$——洪水时间序列；

F——线性映射；

X_{t+k}——随机干扰白噪声（均值为零，方差为 e_x^2）。

自回归滑动平均模型（包括 AR、MA、ARMA）就属于这一类。实际上，洪水时间序列的变化并未表现出式（6-50）那样简单的规律，而是呈高度非线性的复杂动态变化，因此用线性递推和组合的方法描述洪水时间序列往往是不合适的，它很难准确地对洪水进行分析和预测预报。为描述洪水时间序列的非线性特性，提高洪水预报精度，应将 F 构造为非线性映射，此时式（6-50）变为非线性时序模型。模型的拟合、预报精度取决于映射 F 与其真实函数的逼近程度。本节的目的就是寻求最优的非线性映射 F。

由于认识水平和客观条件限制，对水文过程的运行机理和非线性关系的本质缺乏深入理解，这就要求我们去寻求一种适合于水文时间序列预测预报的非线性数学模型。指数自

回归模型就是一类非线性时序模型，它在一定程度上能复现时间序列的非线性随机振动特性，能反映频幅相依性，因此可借用来描述洪水时间序列，进行洪水预测预报。实例分析表明该模型可提高洪水预报精度，较线性时序模型优。

6.9.2 模型的国内外研究历史

Tong 在 1990 年总结了当时非线性时序方法的前沿工作，并写于其专著《非线性时间序列》中，尤其是参数非线性模型族，包括 TAR 模型族与 ARCH 模型族。

Granger 和 Terasvirta 在 1993 年总结当时金融领域非线性时序分析方法的最新成果，并写于其专著《非线性经济的建模》中，书中也介绍了许多非线性时序分析方法实证研究金融数据的案例。随着关于非线性时间序列分析文献的不断丰富，安鸿志、陈敏等人在非线性时间序列模型的平稳解、遍历性等理论方面，以及非线性检验方法和随机条件方差的应用方面，取得了某些研究成果。他们主编的《非线性时间序列分析》主要包括两部分的内容：①论述各种非线性时间序列模型的平稳解、遍历性、高阶矩和可逆性；②给出了非线性时间序列建模方法和预报方法、非线性检验方法以及与其相关领域之间的联系。

范剑青的《non linear timeseries - nonparameter and parameter methods》着重介绍非线性时间序列理论和方法中的非参数和半参数技术。不仅介绍这些技术在时间序列状态空间、频域和时域等方面的应用，同时，为了体现参数和非参数方法在时间序列分析中的整合性，还系统地阐述了一些主要参数非线性时间序列模型（比如 ARCH/GARCH 模型和门限模型等）的近期研究成果。借助很多源于实际问题的具体数据说明如何运用非参数技术来揭示高维数据的局部结构。这对统计学的其他分支以及经济计量学、实证金融学、总体生物和生态学的研究有参考价值。

关于 ARCH 模型、TAR 模型等非线性模型的研究主要是研究基础模型的拓展以完善模型，然后进行实证分析。而关于不同时序模型的结合研究较少，Zakoian（1990）将门限引入 GARCH 模型，并有效刻画了非对称性的序列波动；Terasvirta 和 Lundberg（1998）将 ARCH 效应加入到平滑转移自回归（STAR）模型中，拓宽了 STAR 模型的应用范围；Cai. Hamilton Susmel（1994）提出了通过马尔科夫链在不同 ARCH 模型间转换的机制；在刻画时间序列波动的非对称性、长记忆性和残差项尖峰厚尾性方面，Ding、Granger、Engle 等人对模型也作了一定的改进和扩展，提出了不同类型的 ARCH、GARCH 模型。Granger、Andderson 等人也介绍了其他非线性模型并对它们进行了广泛的研究。

6.9.3 模型原理

一般而言，我们可以假定 $x_t = f(X_{t-1}, \cdots, X_{t-P}) + \sigma(X_{t-1}, \cdots, X_{t-P})\varepsilon_t$，$f(\cdot)$ 和$\sigma(\cdot)$ 是未知的光滑函数。该模型也被称为非参数自回归条件异方差（non - parameter auto regressive conditional heteroscedatic，NARCH）模型；如果假定 $\sigma(\cdot)$ 是常数，则称其为非参数自回归（non - parameter auto regressive，NAR）模型。NARCH 模型与 NAR 模型通常也被称作饱和的非参数模型。理论上，饱和非参数模型具有十分强大的建模能力，

但由于“维度祸患”的原因，饱和模型仅在低维适用，因为估计高维饱和模型需要天文数字的样本。因此为规避“维度祸患”，人们通常给饱和模型中的自回归函数 f 假设一些特殊的形式。例如函数系数自回归（functional - coefficient autoregressive，FAR）模型的形式为

$$X_t = f_1(X_{t-d})X_{t-1} + \cdots + f_\Gamma(X_{t-d})X_{t-p} + \sigma(X_{t-d})\varepsilon_1 \tag{6-51}$$

其中 $d>0$，$f_1(\cdot)$，…，$f_p(\cdot)$ 是未知的系数函数。显然，FAR（p）模型比 TAR 更灵活。

可加自回归（additional autoregressive，AAR）模型是 FAR（p）模型的推广，它假设自回归函数形式为

$$f(x_1,\cdots,x_p) = f_1(x_1) + \cdots + f_p(x_p) \tag{6-52}$$

显然 AAR 模型比 FAR 模型更为灵活，因而也更能适应数据。再比如广义指数自回归（generalized exponential autoregressive，EXPAR）模型形式为

$$X_t = \sum_{j=1}^{p} \{\alpha_j + (\beta_j + \gamma_j X_{t-d})\exp(-\theta_i X_{t-d}^2)\} X_{t-j} + \varepsilon_t \tag{6-53}$$

附录 水文计算用表

附表1 皮尔逊Ⅲ型曲线ϕ_p值表

C_s	P/%															
	0.01	0.1	0.2	0.33	0.5	1	2	3.3	5	10	20	50	75	90	95	99
0.00	3.719	3.09	2.878	2.713	2.576	2.326	2.054	1.834	1.645	1.282	0.842	0	−0.674	−1.282	−1.645	−2.326
0.02	3.762	3.119	2.903	2.735	2.595	2.341	2.064	1.842	1.651	1.284	0.841	−0.003	−0.676	−1.279	−1.639	−2.312
0.04	3.805	3.147	2.927	2.756	2.613	2.356	2.075	1.85	1.656	1.286	0.84	−0.007	−0.678	−1.277	−1.633	−2.297
0.06	3.848	3.176	2.951	2.777	2.632	2.37	2.086	1.857	1.662	1.288	0.839	−0.01	−0.68	−275	−1.628	−2.282
0.08	3.891	3.205	2.976	2.798	2.651	2.385	2.096	1.865	1.667	1.29	0.838	−0.013	−0.681	−1.273	−1.622	−2.267
0.10	3.935	3.233	3	2.819	2.67	2.4	2.107	1.873	1.673	1.292	0.836	−0.017	−0.683	−1.27	−1.616	−2.253
0.12	3.978	3.262	3.024	2.84	2.688	2.414	2.118	1.88	1.678	1.294	0.835	−0.02	−0.685	−1.268	−1.61	−2.238
0.14	4.022	3.291	3.049	2.862	2.707	2.429	2.128	1.888	1.684	1.296	0.834	−0.023	−0.687	−1.266	−1.604	−2.223
0.16	4.065	3.319	3.073	2.883	2.726	2.443	2.139	1.896	1.689	1.298	0.833	−0.027	−0.688	−1.263	−1.598	−2.208
0.18	4.109	3.348	3.097	2.904	2.745	2.458	2.149	1.903	1.694	1.299	0.832	−0.03	−0.69	−1.261	−1.592	−2.193
0.20	4.153	3.377	3.122	2.925	2.763	2.472	2.159	1.911	1.7	1.301	0.83	−0.033	−0.691	−1.258	−1.586	−2.178
0.22	4.197	3.406	3.146	2.946	2.781	2.487	2.17	1.918	1.705	1.03	0.829	−0.037	−0.693	−1.256	−1.58	−2.164
0.24	4.241	3.435	3.17	2.967	2.8	2.501	2.18	1.926	1.71	1.305	0.828	−0.04	−0.695	−1.253	−1.574	−2.149

续表

C_s	P/%														
	0.01	0.1	0.2	0.33	0.5	1	2	3.3	5	10	20	50	75	90	95	99
0.26	4.285	3.464	3.195	2.989	2.819	2.516	2.19	1.933	1.715	1.306	0.826	−0.043	−0.696	−1.25	−1.568	−2.134
0.28	4.33	3.492	3.219	3.01	2.838	2.53	2.201	1.94	1.721	1.308	0.825	−0.046	−0.697	1.248	−1.561	−2.119
0.30	4.374	3.521	3.244	3.031	2.856	2.544	2.211	1.948	1.726	1.309	0.824	−0.05	−0.699	−1.245	−1.555	−2.104
0.32	4.418	3.55	3.268	3.052	2.875	2.559	2.221	1.955	1.731	1.311	0.822	−0.053	−7	−1.242	−1.549	−2.089
0.34	4.463	3.579	3.293	3.073	2.894	2.573	2.231	1.962	1.736	1.312	0.821	−0.056	−0.7025	−1.24	−1.543	−2.074
0.36	4.507	3.608	3.317	3.094	2.3912	2.587	2.241	1.969	1.741	1.314	0.819	−0.06	−0.703	−1.237	−1.536	−2.059
0.38	4.552	3.637	3.341	3.115	2.931	2.601	2.251	1.977	1.746	1.315	0.818	−0.063	−0.7058	−1.234	−1.53	−2.044
0.40	4.597	3.666	3.366	3.136	2.949	2.615	2.261	1.984	1.75	1.317	0.816	−0.066	−0.706	−1.231	−1.524	−2.029
0.42	4.642	3.695	3.39	3.157	2.967	2.63	2.271	1.991	1.755	1.318	0.815	−0.07	−0.707	−1.228	−1.517	−2.014
0.44	4.687	3.724	3.414	3.179	2.986	2.644	2.281	1.998	1.76	1.319	0.813	−0.073	−0.708	−1.225	−1.511	−1.999
0.46	4.731	3.753	3.439	3.199	3.004	2.658	2.291	2.005	1.1765	1.321	0.811	−0.076	−0.709	−1.222	−1.504	−1.985
0.48	4.776	3.782	3.463	3.22	3.023	2.672	2.301	2.012	1.77	1.322	0.81	−0.08	−0.711	−1.219	1.498	−1.97
0.50	4.821	3.811	3.487	3.241	3.041	6.686	2.311	2.019	1.774	1.323	0.808	−0.083	−0.712	−1.216	−1.491	−1.955
0.55	4.934	3.883	3.548	3.294	3.87	2.721	2.335	2.036	1.786	1.326	0.804	−0.091	−0.715	−1.208	−1.474	−1.917
0.60	5.047	3.956	3.609	3.346	3.1325	2.755	2.359	2.052	1.797	1.329	0.799	−0.099	−0.718	−1.2	−1.458	−1.88
0.65	5.16	4.028	3.669	3.398	3.178	2.79	2.383	2.069	1.808	1.331	0.795	−0.108	−0.72	−1.192	−1.441	−1.843
0.70	5.274	4.1	3.73	3.45	3.223	2.824	2.407	2.085	1.819	1.333	0.79	−0.116	−0.722	−1.183	−1.423	−1.806
0.75	5.388	4.172	3.79	3.501	3.268	2.857	2.43	2.101	1.829	1.335	0.785	−0.124	−0.724	−1.175	−1.406	−1.769
0.80	5.501	4.244	3.85	3.553	3.312	2.891	2.453	2.117	1.839	1.336	0.78	0.132	−0.726	−1.166	−1.389	−1.733

续表

C_s	P/%															
	0.01	0.1	0.2	0.33	0.5	1	2	3.3	5	10	20	50	75	90	95	99
0.85	5.615	4.316	3.91	3.604	3.357	2.942	2.476	2.132	1.849	1.338	0.775	−0.14	−0.728	−1.157	−1.371	−1.696
0.90	5.729	4.388	3.969	3.655	3.401	2.957	2.498	2.147	1.859	1.339	0.769	−0.148	−0.73	−1.147	−1.353	−1.66
0.95	5.843	4.46	4.029	3.706	3.445	2.99	2.52	2.162	1.868	1.34	0.763	−0.156	−0.731	−1.137	−1.335	−1.624
1.00	5.957	4.531	4.088	3.756	3.489	3.023	2.542	2.176	1.877	1.34	0.758	−0.164	−0.732	−1.128	−1.317	−1.588
1.05	6.071	4.602	4.147	3.806	3.532	3.055	2.564	2.19	1.886	1.341	0.752	−0.172	−0.733	−1.118	−1.299	−1.553
1.10	6.185	4.674	4.206	3.856	3.575	3.087	2.585	2.204	1.894	1.341	0.745	−0.18	−0.734	−1.107	−1.28	−1.518
1.15	6.299	4.744	4.264	3.906	3.618	3.118	2.606	2.218	1.902	1.341	0.739	−0.187	−0.735	−1.097	−1.262	−1.484
1.20	6.42	4.815	4.323	3.955	3.661	3.149	2.626	2.231	1.91	1.341	0.733	−0.195	−0.735	−1.086	−1.243	−1.449
1.25	6.526	4.885	4.381	4.005	3.703	3.18	2.647	2.244	1.917	1.34	0.726	−0.203	−0.735	−1.075	−1.224	−1.416
1.30	6.64	4.955	4.438	4.053	3.745	3.211	2.667	2.257	1.925	1.339	0.719	−0.21	−0.735	−1.064	−1.206	−1.383
1.35	6.753	5.025	4.496	4.102	3.787	3.241	2.686	2.269	1.932	1.338	0.712	−0.218	−0.735	−1.053	−1.187	−1.35
1.40	6.867	5.095	4.553	4.15	3.828	3.271	2.706	2.281	1.938	1.337	0.705	−0.225	−0.735	−1.041	−1.168	−1.318
1.45	6.98	5.164	4.61	4.198	3.869	3.301	2.725	2.293	1.945	1.335	0.698	0.233	−0.734	−1.03	−1.15	−1.287
1.50	7.093	5.234	4.666	4.246	3.91	3.33	2.743	2.304	1.95	1.333	0.691	−0.24	−0.733	−1.018	−1.131	−1.256
1.55	7.206	5.302	4.723	4.293	3.95	3.359	2.762	2.315	1.957	1.331	0.683	−0.247	−0.732	−1.006	−1.112	−1.226
1.60	7.318	5.371	4.779	4.34	3.99	3.388	2.78	2.326	1.962	1.329	0.675	−0.254	−0.731	−0.994	−1.093	−1.197
1.65	7.43	5.439	4.834	4.387	4.03	3.416	2.797	2.337	1.967	1.326	0.667	−0.261	−0.729	−0.982	−1.075	−1.168
1.70	7.543	5.507	4.89	4.433	4.069	3.444	2.815	2.347	1.972	1.324	0.66	−0.268	−0.727	−0.97	−1.056	−1.14
1.75	7.655	5.575	4.945	4.479	4.108	3.472	2.832	2.357	1.977	1.321	0.652	−0.275	−0.725	−0.957	−1.038	−1.113

续表

C_s	P/%															
	0.01	0.1	0.2	0.33	0.5	1	2	3.3	5	10	20	50	75	90	95	99
1.80	7.766	2.642	4.999	4.525	4.147	3.499	2.848	2.366	1.981	1.318	0.643	−0.281	−0.723	−0.945	−1.02	−1.087
1.85	7.878	5.709	5.054	4.57	4.185	3.526	2.865	2.375	1.985	1.314	0.635	−0.288	−0.721	−0.932	−1.002	−1.062
1.90	7.989	5.775	5.108	4.615	4.223	3.553	2.884	2.384	1.989	1.311	0.627	−0.294	−0.718	−0.92	−0.984	−1.037
1.95	8.1	5.842	5.161	4.659	4.261	3.579	2.897	2.393	1.993	1.307	0.618	−0.301	−0.715	−0.907	−0.966	−1.013
2.00	8.21	5.908	5.215	4.704	4.298	3.605	2.912	2.401	1.996	1.303	0.609	−0.307	−0.712	−0.895	−0.949	−0.99
2.10	8.431	6.039	5.32	4.791	4.372	3.656	2.942	2.417	2.001	1.294	0.592	−0.319	−0.706	−0.869	−0.915	−0.946
2.20	8.65	6.168	5.424	4.877	4.444	3.705	2.97	2.431	2.006	1.284	0.574	−0.33	−0.698	−0.844	−0.882	−0.905
2.30	8.868	6.296	5.527	4.962	4.515	3.753	2.997	2.445	2.009	1.274	0.555	−0.341	−0.69	−0.819	−0.85	−0.867
2.40	9.084	6.423	5.628	5.045	4.584	3.8	3.023	2.457	2.011	1.262	0.537	−0.351	−0.681	−0.795	−0.819	−0.832
2.50	9.299	6.548	5.728	5.127	4.652	3.845	3.048	2.467	2.012	1.25	0.518	−0.36	−0.671	−0.771	−0.79	−0.799
2.60	9.513	6.672	5.826	5.2	4.718	3.889	3.071	2.455	2.012	1.238	0.499	−0.369	−0.661	−0.747	−0.762	−0.769
2.70	9.725	6.794	5.923	5.286	4.783	3.932	3.093	2.486	2.012	1.224	0.479	−0.376	−0.65	−0.724	−0.736	−0.74
2.80	9.936	6.915	6.019	5.363	4.847	3.973	3.114	2.493	2.01	1.21	0.46	−0.384	−0.639	−0.702	−0.711	−0.714
2.90	10.15	7.034	6.113	5.439	4.909	4.013	3.134	2.499	2.007	1.195	0.44	−0.39	−0.627	−0.681	−0.688	−0.69
3.00	10.35	7.152	6.205	5.514	4.97	4.051	3.152	2.505	2.003	1.18	0.42	−0.396	−0.615	−0.66	−0.665	−0.667
3.10	10.56	7.269	6.296	5.587	5.029	4.089	3.169	2.509	1.999	1.164	0.401	−0.4	−0.603	−0.641	−0.644	−0.645
3.20	10.77	7.384	6.386	5.658	5.087	4.125	3.185	2.512	1.993	1.148	0.381	−0.405	−0.591	−0.622	−0.624	−0.625
3.40	11.17	7.609	6.561	5.798	5.199	4.193	3.214	2.516	1.98	1.113	0.341	−0.411	−0.566	−0.587	−0.588	−0.588
3.60	11.57	7.829	6.73	5.931	5.306	4.256	3.238	2.515	1.963	1.077	0.302	−0.414	−0.541	−0.555	−0.555	−0.556
3.80	11.97	8.044	6.894	6.06	5.407	4.314	3.258	2.511	1.943	1.04	0.264	−0.414	−0.518	−0.526	−0.526	−0.526
4.00	12.36	8.253	7.053	6.183	5.504	4.368	3.274	2.504	1.92	1.001	0.226	−0.413	−0.495	−0.5	−0.5	−0.5

附表 2　皮尔逊Ⅲ型曲线 K_p 值表

附表 2-1　　当 $C_s=C_v$ 时，K_p 值表

C_v	P/%															
	0.01	0.1	0.2	0.33	0.5	1	2	3.3	5	10	20	50	75	90	95	99
0.05	1.191	1.158	1.147	1.138	1.131	1.118	1.104	1.093	1.083	1.064	1.042	1.000	0.966	0.936	0.919	0.886
0.10	1.393	1.323	1.300	1.282	1.267	1.240	1.211	1.187	1.167	1.129	1.084	0.998	0.932	0.873	0.838	0.771
0.15	1.607	1.496	1.459	1.431	1.407	1.365	1.320	1.284	1.253	1.194	1.125	0.996	0.897	0.811	0.760	0.666
0.20	1.830	1.676	1.624	1.585	1.553	1.494	1.432	1.382	1.340	1.260	1.166	0.993	0.861	0.749	0.682	0.570
0.25	2.070	1.862	1.796	1.744	1.703	1.627	1.546	1.482	1.428	1.326	1.207	0.990	0.826	0.687	0.607	0.465
0.30	2.310	2.060	1.973	1.909	1.858	1.763	1.663	1.584	1.518	1.393	1.247	0.985	0.790	0.626	0.533	0.364
0.35	2.570	2.260	2.160	2.080	2.020	1.903	1.783	1.688	1.608	1.460	1.280	0.980	0.754	0.566	0.461	0.269
0.40	2.840	2.470	2.350	2.250	2.180	2.050	1.904	1.794	1.700	1.527	1.326	0.973	0.719	0.507	0.388	0.183
0.45	3.120	2.680	2.540	2.440	2.350	2.190	2.030	1.901	1.793	1.594	1.365	0.966	0.682	0.449	0.320	0.103
0.50	3.410	2.910	2.740	2.620	2.520	2.340	2.160	2.010	1.887	1.661	1.404	0.958	0.645	0.392	0.254	0.033
0.55	3.710	3.140	2.950	2.810	2.700	2.500	2.280	2.120	1.982	1.729	1.442	0.950	0.607	0.336	0.188	−0.049
0.60	4.030	3.370	3.170	3.010	2.880	2.650	2.420	2.230	2.080	1.797	1.480	0.940	0.568	0.281	0.122	−0.140
0.65	4.350	3.620	3.390	3.210	3.060	2.810	2.550	2.340	2.170	1.865	1.517	0.930	0.531	0.226	0.062	−0.210
0.70	4.690	3.870	3.610	3.410	3.260	2.980	2.680	2.460	2.270	1.933	1.553	0.920	0.494	0.171	0.007	−0.268
0.75	5.040	4.130	3.850	3.630	3.450	3.140	2.820	2.580	2.370	2.000	1.589	0.907	0.456	0.119	−0.051	−0.325
0.80	5.400	4.400	4.080	3.850	3.650	3.310	2.960	2.690	2.470	2.070	1.625	0.894	0.418	0.069	−0.110	−0.378
0.85	5.78	4.67	4.32	4.07	3.85	3.49	3.10	2.81	2.57	2.14	1.659	0.880	0.381	0.019	−0.165	−0.431
0.90	6.15	4.95	4.57	4.29	4.06	3.66	3.25	2.93	2.67	2.21	1.691	0.867	0.343	−0.030	−0.217	−0.484

续表

C_v	P/%															
	0.01	0.1	0.2	0.33	0.5	1	2	3.3	5	10	20	50	75	90	95	99
0.95	6.55	5.24	4.83	4.52	4.27	3.84	3.39	3.05	2.77	2.27	1.725	0.852	0.305	−0.079	−0.267	−0.539
1.00	6.95	5.53	5.09	4.75	4.48	4.02	3.54	3.18	2.88	2.34	1.757	0.836	0.268	−0.127	−0.314	−0.596
1.10	7.80	6.14	5.63	5.24	4.94	4.40	3.84	3.42	3.08	2.47	1.820	0.803	0.191	−0.215	−0.404	−0.665
1.20	8.70	6.77	6.19	5.74	5.39	4.78	4.15	3.60	3.29	2.61	1.880	0.766	0.119	−0.305	−0.490	−0.745
1.30	9.63	7.45	6.76	6.27	5.88	5.17	4.47	3.93	3.50	2.74	1.935	0.727	0.044	−0.386	−0.568	−0.797
1.40	10.60	8.13	7.36	6.81	6.35	5.58	4.79	4.10	3.71	2.87	1.988	0.684	−0.028	−0.458	−0.636	−0.841
1.50	11.63	8.85	8.01	7.37	6.87	6.00	5.11	4.46	3.93	3.00	2.04	0.640	−0.100	−0.529	−0.698	−0.887
1.60	12.70	9.56	8.64	7.94	7.38	6.42	5.45	4.72	4.14	3.12	2.08	0.592	−0.168	−0.589	−0.750	−0.914
1.70	13.84	10.36	9.32	8.53	7.92	6.86	5.79	4.99	4.35	3.25	2.12	0.545	−0.237	−0.648	−0.796	−0.936
1.80	14.99	11.15	10.00	9.14	8.48	7.30	6.13	5.26	4.57	3.37	2.16	0.495	−0.304	−0.702	−0.837	−0.959
1.90	16.20	11.97	10.70	9.77	9.03	7.75	6.47	5.53	4.78	3.49	2.19	0.442	−0.365	−0.750	−0.867	−0.971
2.00	17.41	12.81	11.44	10.41	9.59	8.21	6.82	5.80	4.99	3.61	2.22	0.386	−0.425	−0.788	−0.897	−0.980

附表 2-2　　**当 $C_s=2C_v$ 时，K_p 值表**

C_v	P/%															
	0.01	0.1	0.2	0.33	0.5	1	2	3.3	5	10	20	50	75	90	95	99
0.02	1.076	1.063	1.058	1.055	1.052	1.047	1.041	1.037	1.033	1.026	1.017	1.000	0.986	0.974	0.967	0.954
0.04	1.156	1.128	1.119	1.112	1.106	1.095	1.084	1.075	1.067	1.052	1.034	0.999	0.973	0.949	0.935	0.909
0.06	1.239	1.196	1.181	1.170	1.161	1.145	1.127	1.113	1.101	1.078	1.050	0.999	0.959	0.924	0.903	0.866
0.08	1.325	1.266	1.246	1.231	1.218	1.195	1.170	1.152	1.135	1.104	1.067	0.998	0.945	0.899	0.872	0.823
0.10	1.415	1.338	1.312	1.293	1.276	1.247	1.216	1.191	1.170	1.130	1.083	0.997	0.931	0.874	0.841	0.782

续表

C_v	P/%															
	0.01	0.1	0.2	0.33	0.5	1	2	3.3	5	10	20	50	75	90	95	99
0.12	1.509	1.412	1.380	1.356	1.336	1.300	1.262	1.231	1.205	1.157	1.099	0.995	0.917	0.850	0.811	0.742
0.14	1.606	1.489	1.451	1.421	1.697	1.354	1.308	1.272	1.241	1.183	1.116	0.994	0.902	0.825	0.781	0.703
0.16	1.707	1.568	1.523	1.488	1.460	1.409	1.355	1.313	1.277	1.210	1.132	0.992	0.888	0.801	0.752	0.666
0.18	1.811	1.649	1.597	1.557	1.524	1.466	1.403	1.355	1.313	1.237	1.147	0.989	0.874	0.777	0.723	0.629
0.20	1.919	1.733	1.673	1.627	1.590	1.523	1.452	1.397	1.350	1.263	1.163	0.987	0.859	0.754	0.694	0.594
0.22	20.3	1.820	1.750	1.699	1.657	1.582	1.502	1.440	1.387	1.290	1.179	0.984	0.845	0.730	0.667	0.560
0.24	2.15	1.909	1.830	1.773	1.726	1.641	1.552	1.483	1.425	1.317	1.194	0.981	0.830	0.707	0.640	0.527
0.26	2.27	2.00	1.912	1.848	1.796	1.702	1.603	1.527	1.462	1.344	1.210	0.977	0.815	0.685	0.614	0.496
0.28	2.39	2.09	1.997	1.925	1.866	1.764	1.655	1.571	1.501	1.371	1.225	0.974	0.799	0.663	0.586	0.465
0.30	2.51	2.19	2.08	2.00	1.94	1.827	1.708	1.616	1.539	1.399	1.240	0.970	0.785	0.640	0.563	0.436
0.32	2.64	2.28	2.17	2.08	2.01	1.890	1.761	1.661	1.578	1.426	1.255	0.966	0.769	0.619	0.537	0.408
0.34	2.78	2.38	2.26	2.17	2.09	1.955	1.815	1.707	1.617	1.453	1.269	0.962	0.754	0.596	0.515	0.381
0.36	2.91	2.49	2.35	2.25	2.17	2.02	1.870	1.753	1.656	1.480	1.284	0.957	0.739	0.575	0.492	0.355
0.38	3.06	2.59	2.45	2.34	2.24	2.09	1.925	1.800	1.696	1.507	1.298	0.952	0.724	0.555	0.468	0.331
0.40	3.20	2.70	2.54	2.42	2.32	2.16	1.981	1.847	1.736	1.535	1.312	0.947	0.709	0.534	0.445	0.307
0.42	3.35	2.81	2.64	2.51	2.41	2.23	2.04	1.894	1.776	1.562	1.326	0.941	0.694	0.514	0.423	0.250
0.44	3.50	2.92	2.73	2.60	2.49	2.30	2.10	1.942	1.816	1.589	1.339	0.936	0.679	0.495	0.402	0.264
0.46	3.66	3.03	2.83	2.69	2.57	2.37	2.15	1.99	1.857	1.616	1.352	0.930	0.664	0.475	0.381	0.244
0.48	3.81	3.15	2.94	2.78	2.66	2.44	2.21	2.04	1.894	1.643	1.366	0.924	0.649	0.455	0.362	0.224
0.50	3.98	3.27	3.04	2.88	2.74	2.51	2.27	2.09	1.938	1.670	1.379	0.918	0.634	0.436	0.342	0.206
0.52	4.14	3.39	3.15	2.97	2.83	2.59	2.33	2.14	1.98	1.697	1.392	0.912	0.619	0.418	0.324	0.189

续表

C_v	P/%															
	0.01	0.1	0.2	0.33	0.5	1	2	3.3	5	10	20	50	75	90	95	99
0.54	4.32	3.51	3.26	3.07	2.92	2.66	2.39	2.19	2.02	1.724	1.404	0.905	0.603	0.401	0.307	0.173
0.56	4.49	3.63	3.37	3.17	3.02	2.74	2.45	2.24	2.06	1.750	1.416	0.898	0.588	0.383	0.289	0.158
0.58	4.67	3.76	3.48	3.27	3.10	2.81	2.51	2.29	2.10	1.777	1.428	0.891	0.574	0.365	0.272	0.144
0.60	4.85	3.89	3.59	3.37	3.20	2.89	2.58	2.34	2.15	1.804	1.440	0.883	0.559	0.348	0.254	0.130
0.62	5.03	4.02	3.71	3.47	3.29	2.97	2.64	2.39	2.19	1.831	1.451	0.875	0.545	0.331	0.239	0.118
0.64	5.22	4.16	3.82	3.58	3.39	3.05	2.70	2.44	2.23	1.857	1.462	0.867	0.529	0.315	0.223	0.107
0.66	4.41	4.29	3.94	3.69	3.49	3.13	2.77	2.49	2.27	1.883	1.473	0.859	0.514	0.300	0.209	0.096
0.68	5.60	4.43	4.06	3.80	3.58	3.21	2.83	2.54	2.31	1.910	1.484	0.851	0.500	0.285	0.195	0.086
0.70	5.80	4.57	4.19	3.91	3.68	3.29	2.89	2.60	2.36	1.936	1.494	0.842	0.486	0.271	0.182	0.077
0.72	6.00	4.71	4.31	4.02	3.78	3.37	2.96	2.65	2.40	1.962	1.504	0.834	0.472	0.257	0.169	0.069
0.74	6.21	4.85	4.44	4.13	3.88	3.46	3.02	2.70	2.44	1.987	1.513	0.825	0.457	0.242	0.157	0.062
0.76	6.42	5.00	4.57	4.24	3.98	3.54	3.09	2.76	2.48	2.01	1.522	0.816	0.443	0.229	0.145	0.055
0.78	6.63	5.14	4.69	4.36	4.09	3.62	3.16	2.81	2.53	2.04	1.531	0.806	0.430	0.217	0.135	0.048
0.80	6.85	5.30	4.82	4.47	4.19	3.71	3.22	2.86	2.57	2.06	1.540	0.797	0.425	0.205	0.125	0.043
0.82	7.07	5.44	4.95	4.59	4.30	3.80	3.29	2.91	2.61	2.09	1.549	0.787	0.402	0.194	0.116	0.037
0.84	7.30	5.60	5.09	4.70	4.40	3.88	3.36	2.97	2.65	2.11	1.558	0.777	0.388	0.182	0.106	0.033
0.86	7.53	5.76	5.23	4.82	4.52	3.97	3.43	3.02	2.70	2.14	1.565	0.768	0.375	0.170	0.097	0.029
0.88	7.76	5.91	5.36	4.95	4.63	4.06	3.49	3.08	2.74	2.16	1.571	0.758	0.361	0.159	0.089	0.025
0.90	7.99	6.08	5.50	5.07	4.73	4.15	3.56	3.13	2.78	2.19	1.579	0.747	0.349	0.150	0.082	0.022
0.92	8.23	6.23	5.63	5.19	4.85	4.24	3.63	3.18	2.83	2.21	1.585	0.737	0.336	0.139	0.075	0.019
0.94	8.48	6.40	5.78	5.32	4.96	4.33	3.70	3.24	2.87	2.23	1.592	0.726	0.323	0.130	0.069	0.016

续表

C_v	P/%															
	0.01	0.1	0.2	0.33	0.5	1	2	3.3	5	10	20	50	75	90	95	99
0.96	8.72	6.57	5.92	5.45	5.07	4.42	3.77	3.29	2.91	2.26	1.598	0.716	0.311	0.121	0.064	0.014
0.98	8.96	6.74	6.07	5.57	5.18	4.51	3.84	3.35	2.95	2.28	1.604	0.704	0.299	0.114	0.057	0.012
1.00	9.21	6.91	6.21	5.70	5.30	4.61	3.91	3.40	3.00	2.30	1.609	0.693	0.288	0.105	0.051	0.010
1.05	9.85	7.34	6.59	6.03	5.59	4.84	4.09	3.54	3.10	2.36	1.621	0.665	0.259	0.087	0.040	0.007
1.10	10.51	7.79	6.97	6.36	5.89	5.08	4.27	3.67	3.21	2.41	1.631	0.637	0.232	0.071	0.030	0.004
1.15	11.20	8.24	7.36	6.71	6.19	5.32	4.45	3.81	3.31	2.46	1.639	0.608	0.207	0.058	0.023	0.003
1.20	11.90	8.71	7.75	7.05	6.50	5.56	4.60	3.95	3.41	2.51	1.644	0.579	0.183	0.046	0.017	0.002
1.25	12.62	9.19	8.16	7.41	6.81	5.81	4.81	4.08	3.52	2.56	1.648	0.550	0.161	0.037	0.012	0.001
1.30	13.37	9.67	8.57	7.77	7.13	6.06	4.99	4.22	3.62	2.61	1.649	0.521	0.141	0.029	0.009	0.001
1.35	14.13	10.17	9.00	8.14	7.46	6.31	5.18	4.36	3.75	2.65	1.647	0.492	0.123	0.022	0.006	0
1.40	14.91	10.68	9.43	8.51	7.79	6.56	5.36	4.49	3.81	2.69	1.644	0.463	0.106	0.017	0.004	0
1.45	15.71	11.20	0.99	8.89	8.12	6.81	5.54	4.62	3.91	2.73	1.638	0.435	0.091	0.013	0.003	0
1.50	16.53	11.30	10.31	9.27	8.45	7.08	5.73	4.76	4.01	2.77	1.631	0.407	0.078	0.010	0.002	0
1.55	17.37	12.28	10.78	9.65	8.79	7.34	5.91	4.89	4.10	2.80	1.622	0.378	0.066	0.007	0.001	0
1.60	18.23	12.80	11.20	10.04	9.16	7.60	6.09	5.05	4.19	2.83	1.610	0.353	0.055	0.005	0.001	0
1.65	19.10	13.38	11.67	10.44	9.51	7.86	6.28	5.15	4.28	2.87	1.596	0.326	0.046	0.004	0.001	0
1.70	19.99	13.93	12.16	10.85	9.83	8.12	6.46	5.28	4.36	2.89	1.581	0.302	0.038	0.003	0	0
1.75	20.90	14.49	12.62	11.28	10.18	8.39	6.65	5.40	4.45	2.92	1.562	0.280	0.031	0.002	0	0
1.80	21.83	15.11	13.09	11.67	10.56	8.66	6.83	5.53	4.53	2.94	1.543	0.255	0.026	0.001	0	0
1.85	22.78	15.70	13.62	12.12	10.89	8.93	7.01	5.65	4.61	2.96	1.525	0.234	0.021	0.001	0	0
1.90	23.74	16.25	14.11	12.53	11.29	9.32	7.19	5.77	4.69	2.97	1.501	0.213	0.017	0.001	0	0
1.95	24.72	16.87	14.61	12.95	11.64	9.47	7.37	5.89	4.77	2.99	1.477	0.193	0.013	0.001	0	0
2.00	25.71	17.50	15.13	13.38	12.00	9.73	7.55	6.01	4.84	3.00	1.452	0.175	0.011	0	0	0

附表 2-3　　当 $C_s=2.5C_v$ 时，K_p 值表

C_v	P/%															
	0.01	0.1	0.2	0.33	0.5	1	2	3.3	5	10	20	50	75	90	95	99
0.02	1.078	1.066	1.062	1.058	1.055	1.050	1.046	1.041	1.036	1.030	1.024	1.012	0.999	0.989	0.984	0.974
0.04	1.157	1.129	1.120	1.113	1.107	1.096	1.084	1.075	1.067	1.052	1.033	0.999	0.973	0.949	0.935	0.908
0.06	1.243	1.198	1.184	1.172	1.163	1.146	1.128	1.114	1.101	1.078	1.050	0.999	0.958	0.924	0.904	0.868
0.08	1.332	1.270	1.250	1.234	1.221	1.198	1.173	1.153	1.136	1.104	1.066	0.997	0.945	0.900	0.873	0.828
0.10	1.426	1.345	1.318	1.298	1.281	1.251	1.219	1.193	1.171	1.131	1.083	0.996	0.930	0.875	0.843	0.783
0.12	1.550	1.423	1.389	1.364	1.343	1.305	1.265	1.234	1.207	1.157	1.099	0.994	0.916	0.850	0.813	0.746
0.14	1.628	1.503	1.462	1.432	1.406	1.361	1.313	1.275	1.243	1.184	1.115	0.992	0.902	0.826	0.784	0.708
0.16	1.736	1.587	1.538	1.502	1.472	1.418	1.362	1.317	1.280	1.211	1.131	0.989	0.887	0.803	0.755	0.673
0.18	1.848	1.640	1.616	1.574	1.539	1.477	1.412	1.360	1.317	1.238	1.146	0.986	0.873	0.780	0.728	0.644
0.20	1.960	1.763	1.697	1.648	1.608	1.537	1.462	1.404	1.355	1.264	1.162	0.983	0.858	0.757	0.702	0.613
0.22	2.09	1.854	1.781	1.725	1.680	1.598	1.514	1.448	1.393	1.292	1.177	0.980	0.843	0.735	0.674	0.577
0.24	2.21	1.948	1.867	1.803	1.751	1.661	1.566	1.493	1.431	1.319	1.192	0.976	0.827	0.713	0.649	0.544
0.26	2.34	2.05	1.955	1.883	1.826	1.725	1.620	1.538	1.470	1.346	1.207	0.972	0.813	0.690	0.626	0.518
0.28	2.48	2.15	2.05	1.965	1.903	1.790	1.674	1.584	1.509	1.373	1.221	0.968	0.080	0.669	0.603	0.493
0.30	2.62	2.25	2.14	2.02	1.981	1.857	1.729	1.630	1.549	1.400	1.236	0.963	0.078	0.648	0.579	0.470
0.32	2.76	2.36	2.23	2.14	2.06	1.925	1.785	1.677	1.589	1.428	1.250	0.957	0.767	0.628	0.556	0.449
0.34	2.91	2.47	2.33	2.23	2.14	1.994	1.842	1.725	1.629	1.455	1.263	0.952	0.752	0.608	0.534	0.428
0.36	3.06	2.58	2.43	2.31	2.22	2.06	1.899	1.773	1.669	1.482	1.277	0.947	0.737	0.588	0.513	0.406
0.38	3.22	2.70	2.53	2.41	2.31	2.14	1.958	1.822	1.710	1.509	1.290	0.941	0.722	0.568	0.493	0.382
0.40	3.38	2.81	2.64	2.50	2.39	2.21	2.02	1.871	1.751	1.536	1.303	0.934	0.707	0.549	0.473	0.365
0.42	3.55	2.93	2.74	2.60	2.49	2.28	2.08	1.920	1.792	1.563	1.316	0.928	0.692	0.532	0.456	0.348
0.44	3.72	3.06	2.85	2.70	2.58	2.36	2.14	1.970	1.834	1.590	1.328	0.921	0.676	0.514	0.438	0.334

续表

C_v	P/%															
	0.01	0.1	0.2	0.33	0.5	1	2	3.3	5	10	20	50	75	90	95	99
0.46	3.90	3.18	2.96	2.80	2.67	2.43	2.20	2.02	1.875	1.616	1.340	0.914	0.662	0.496	0.421	0.319
0.48	4.08	3.31	3.08	2.90	2.76	2.51	2.26	2.07	1.917	1.643	1.352	0.906	0.648	0.478	0.404	0.302
0.50	4.26	3.44	3.19	3.00	2.85	2.59	2.32	2.12	1.958	1.670	1.363	0.899	0.633	0.461	0.388	0.290
0.52	4.45	3.58	3.30	3.11	2.95	2.67	2.39	2.17	2.00	1.696	1.373	0.891	0.617	0.446	0.373	0.281
0.54	4.64	3.71	3.42	3.22	3.04	2.75	2.45	2.23	2.04	1.723	1.385	0.882	0.603	0.431	0.359	0.272
0.56	4.84	3.85	3.55	3.33	3.14	2.83	2.52	2.28	2.09	1.749	1.395	0.874	0.589	0.417	0.346	0.264
0.58	5.04	4.00	3.67	3.44	3.24	2.91	2.58	2.33	2.13	1.775	1.405	0.865	0.574	0.402	0.333	0.254
0.60	5.25	4.14	6.80	3.55	3.35	3.00	2.65	2.38	2.17	1.800	1.414	0.856	0.560	0.388	0.321	0.245
0.62	5.46	4.28	3.93	3.66	3.45	3.08	2.71	2.44	2.21	1.825	1.423	0.847	0.546	0.376	0.310	0.240
0.64	5.68	4.43	4.06	3.78	3.55	3.17	2.78	2.49	2.26	1.850	1.432	0.837	0.533	0.364	0.300	0.234
0.66	5.91	4.59	4.19	3.89	3.66	3.25	2.85	2.54	2.30	1.876	1.441	0.828	0.519	0.352	0.290	0.230
0.68	6.13	4.74	4.33	4.01	3.77	3.34	2.91	2.60	2.34	1.901	1.449	0.818	0.505	0.341	0.281	0.225
0.70	6.36	4.90	4.46	4.13	3.88	3.43	2.98	2.65	2.38	1.925	1.456	0.808	0.492	0.330	0.273	0.220
0.72	6.59	5.06	4.60	4.26	3.99	3.52	3.05	2.70	2.43	1.949	1.463	0.798	1.479	0.319	0.265	0.216
0.74	6.84	5.22	4.74	4.38	4.10	3.61	3.12	2.76	2.47	1.973	1.470	0.788	0.466	0.309	0.259	0.214
0.76	7.08	5.39	4.88	4.51	4.21	3.70	3.19	2.81	2.51	1.997	1.476	0.777	0.454	0.300	0.253	0.212
0.78	7.32	5.56	5.03	4.63	4.32	3.79	3.26	2.87	2.55	2.02	1.482	0.766	0.442	0.292	0.247	0.209
0.80	7.56	5.73	5.18	4.76	4.44	3.88	3.33	2.92	2.60	2.04	1.487	0.755	0.430	0.285	0.241	0.208
0.82	7.82	5.89	5.31	4.89	4.56	3.98	3.40	2.97	2.64	2.07	1.493	0.744	0.418	0.277	0.236	0.206
0.84	8.00	6.07	5.46	5.02	4.68	4.07	3.47	3.03	2.68	2.09	1.497	0.732	0.407	0.270	0.232	0.205
0.86	8.34	6.25	5.62	5.16	4.80	4.17	3.54	3.08	2.72	2.11	1.502	0.721	0.396	0.263	0.228	0.204
0.88	8.61	6.43	5.78	5.29	4.92	4.26	3.61	3.14	2.76	2.13	1.505	0.710	0.386	0.257	0.224	0.204
0.90	8.88	6.61	5.93	5.43	5.03	4.36	3.68	3.19	2.81	2.15	1.508	0.698	0.376	0.251	0.221	0.203

续表

C_v	P/%															
	0.01	0.1	0.2	0.33	0.5	1	2	3.3	5	10	20	50	75	90	95	99
0.92	9.15	6.79	6.08	5.57	5.15	4.45	3.76	3.25	2.85	2.17	1.511	0.686	0.366	0.246	0.218	0.202
0.94	9.44	6.98	6.25	5.70	5.28	4.55	3.83	3.30	2.89	2.19	1.514	0.675	0.356	0.242	0.216	0.202
0.96	9.72	7.17	6.41	5.84	5.40	4.65	3.90	3.36	2.93	2.21	1.516	0.663	0.346	0.237	0.213	0.201
0.98	10.01	7.35	6.56	5.99	5.52	4.75	3.97	3.41	2.97	2.23	1.517	0.651	0.337	0.233	0.212	0.201
1.00	10.30	7.55	6.73	6.13	5.65	4.85	4.05	3.47	3.01	2.25	1.518	0.640	0.329	0.229	0.210	0.201
1.05	11.04	8.03	7.15	6.48	5.97	5.10	4.23	3.60	3.11	2.30	1.518	0.611	0.309	0.222	0.207	0.200
1.10	11.81	8.53	7.58	6.87	6.30	5.35	4.41	3.74	3.21	2.34	1.516	0.582	0.291	0.215	0.204	0.200
1.15	12.61	9.05	8.00	7.23	6.63	5.60	4.60	3.87	3.31	2.38	1.512	0.553	0.276	0.211	0.203	0.200
1.20	13.42	9.58	8.45	7.62	6.96	5.86	4.78	4.01	3.40	2.42	1.504	0.525	0.262	0.208	0.202	0.200
1.25	14.30	10.10	8.91	8.00	7.30	6.12	4.97	4.14	3.50	2.45	1.496	0.497	0.250	0.205	0.201	0.200
1.30	15.10	10.70	9.35	8.39	7.67	6.38	5.15	4.27	3.59	2.48	1.482	0.471	0.240	0.203	0.201	0.200
1.35	16.00	11.20	9.84	8.80	8.02	6.65	5.33	4.40	3.67	2.51	1.468	0.447	0.232	0.202	0.200	0.200
1.40	16.90	11.80	10.30	9.22	8.34	6.91	5.52	4.52	3.76	2.54	1.450	0.422	0.225	0.201	0.200	0.200
1.45	17.90	12.40	10.80	9.62	8.72	7.18	5.70	4.65	3.84	2.55	1.431	0.399	0.219	0.201	0.200	0.200
1.50	18.80	13.00	11.30	10.10	9.08	7.45	5.88	4.77	3.92	2.57	1.410	0.378	0.215	0.201	0.200	0.200
1.55	19.80	13.60	11.80	10.50	9.44	7.72	6.06	4.89	4.00	2.59	1.386	0.358	0.211	0.200	0.200	0.200
1.60	20.80	14.20	12.30	10.90	9.81	7.99	6.24	5.01	4.07	2.60	1.362	0.340	0.208	0.200	0.200	0.200
1.65	21.80	14.80	12.80	11.30	10.20	8.26	6.41	5.12	4.14	2.61	1.334	0.323	0.206	0.200	0.200	0.200
1.70	22.80	15.50	13.30	11.80	10.50	8.53	6.59	5.23	4.21	2.62	1.308	0.307	0.205	0.200	0.200	0.200
1.75	23.90	16.10	13.80	12.20	10.90	8.80	6.76	5.34	4.27	2.62	1.279	0.293	0.203	0.200	0.200	0.200
1.80	24.90	16.80	14.40	12.70	11.30	9.07	6.94	5.45	4.34	2.62	1.247	0.280	0.202	0.200	0.200	0.200
1.85	26.00	17.40	14.90	13.10	11.70	9.34	7.11	5.55	4.39	2.62	1.216	0.269	0.202	0.200	0.200	0.200
1.90	27.10	18.10	15.40	13.50	12.00	9.61	7.28	5.65	4.45	2.61	1.182	0.259	0.201	0.200	0.200	0.200
1.95	28.30	18.80	16.00	14.00	12.40	9.88	7.44	5.75	4.50	2.60	1.149	0.250	0.201	0.200	0.200	0.200
2.00	29.40	19.40	16.60	14.40	12.80	10.20	7.60	5.84	4.55	2.59	1.116	0.242	0.201	0.200	0.200	0.200

附表 2-4　　$C_S=3C_v$ 时，K_p 值表

C_v	P/%															
	0.01	0.1	0.2	0.33	0.5	1	2	3.3	5	10	20	50	75	90	95	99
0.02	1.078	1.065	1.061	1.057	1.054	1.049	1.044	1.039	1.035	1.028	1.021	1.006	0.993	0.982	0.976	0.965
0.04	1.161	1.132	1.122	1.114	1.108	1.097	1.085	1.076	1.067	1.052	1.033	0.999	0.973	0.949	0.936	0.911
0.06	1.250	1.204	1.188	1.176	1.166	1.149	1.130	1.115	1.102	1.078	1.050	0.998	0.958	0.925	0.905	0.871
0.08	1.346	1.279	1.258	1.241	1.227	1.202	1.176	1.155	1.138	1.105	1.066	0.996	0.944	0.900	0.875	0.830
0.10	1.499	1.360	1.330	1.308	1.290	1.258	1.224	1.197	1.174	1.131	1.082	0.994	0.930	0.876	0.846	0.791
0.12	1.557	1.443	1.406	1.379	1.356	1.316	1.273	1.239	1.211	1.158	1.098	0.992	0.915	0.853	0.818	0.758
0.14	1.672	1.532	1.486	1.452	1.425	1.375	1.323	1.282	1.248	1.185	1.113	0.989	0.901	0.830	0.791	0.728
0.16	1.793	1.623	1.570	1.529	1.495	1.436	1.374	1.326	1.286	1.212	1.129	0.985	0.885	0.807	0.764	0.693
0.18	1.921	1.719	1.657	1.608	1.568	1.500	1.427	1.371	1.325	1.239	1.143	0.981	0.870	0.785	0.739	0.662
0.20	2.050	1.820	1.746	1.690	1.654	1.565	1.481	1.417	1.364	1.267	1.158	0.977	0.856	0.763	0.715	0.639
0.22	2.200	1.925	1.839	1.776	1.723	1.632	1.537	1.464	1.403	1.294	1.172	0.972	0.840	0.743	0.693	0.615
0.24	2.340	2.030	1.935	1.863	1.803	1.700	1.593	1.511	1.443	1.321	1.186	0.967	0.825	0.723	0.670	0.594
0.26	2.490	2.150	2.030	1.952	1.886	1.771	1.651	1.559	1.484	1.348	1.199	0.961	0.811	0.703	0.649	0.573
0.28	2.650	2.260	2.140	2.040	1.971	1.843	1.709	1.608	1.525	1.375	1.213	0.955	0.795	0.683	0.630	0.550
0.30	2.820	2.380	2.240	2.140	2.060	1.916	1.769	1.657	1.566	1.402	1.226	0.948	0.780	0.665	0.610	0.534
0.32	2.990	2.500	2.350	2.240	2.150	1.992	1.830	1.707	1.607	1.429	1.238	0.942	0.765	0.648	0.594	0.520
0.34	3.170	2.630	2.470	2.340	2.240	2.070	1.892	1.758	1.649	1.456	1.250	0.934	0.750	0.629	0.577	0.503
0.36	3.36	2.76	2.58	2.45	2.34	2.15	1.954	1.809	1.691	1.482	1.261	0.927	0.735	0.613	0.561	0.492
0.38	3.55	2.9	2.7	2.55	2.43	2.23	2.02	1.86	1.733	1.509	1.272	0.918	0.72	0.598	0.546	0.482
0.40	3.75	3.04	2.82	2.66	2.53	2.31	2.08	1.912	1.775	1.535	1.282	0.91	0.706	0.584	0.533	0.473
0.42	3.95	3018	2.95	2.77	2.63	2.39	2.15	1.965	1.817	1.560	1.292	0.901	0.692	0.569	0.52	0.464
0.44	4.16	3.33	3.07	2.89	2.73	2.48	2.21	2.02	1.86	1.586	1.301	0.892	0.678	0.556	0.509	0.457

续表

C_v	P/%															
	0.01	0.1	0.2	0.33	0.5	1	2	3.3	5	10	20	50	75	90	95	99
0.46	4.37	3.47	3.2	3	2.84	2.56	2.28	2.07	1.903	1.611	1.31	0.882	0.664	0.544	0.499	0.452
0.48	4.6	3.63	3.34	3.12	2.95	2.65	2.35	2.12	1.946	1.636	1.319	0.873	0.65	0.532	0.489	0.448
0.50	4.83	3.79	3.47	3.24	3.05	2.74	2.42	2.18	1.988	1.661	1.326	0.863	0.637	0.521	0.481	0.444
0.52	5.06	3.94	3.61	3.36	3.17	2.83	2.48	2.23	2.03	1.684	1.332	0.853	0.624	0.511	0.472	0.439
0.54	5.31	4.11	3.75	3.49	3.28	2.92	2.55	2.29	2.07	1.709	1.339	0.842	0.612	0.501	0.467	0.437
0.56	5.55	4.28	3.9	3.61	3.39	3.01	2.62	2.34	2.12	1.731	1.345	0.831	0.6	0.493	0.461	0.435
0.58	5.8	4.45	4.04	3.74	3.51	3.1	2.69	2.4	2.16	1.754	1.35	0.82	0.588	0.486	0.456	0.433
0.60	6.06	4.62	4.19	3.87	3.62	3.19	2.77	2.45	2.2	1.776	1.355	0.809	0.576	0.479	0.51	0.432
0.62	6.32	4.8	4.35	4.01	3.75	3.29	2.84	2.5	2.24	1.798	1.359	0.797	0.566	0.472	0.447	0.432
0.64	6.59	4.98	4.5	4.15	3.87	3.38	2.91	2.56	2.28	1.819	1.363	0.786	0.555	0.466	0.444	0.431
0.66	6.86	5.16	4.65	4.28	3.98	3.48	2.98	2.61	2.33	1.840	1.365	0.774	0.546	0.461	0.441	0.43
0.68	7.15	5.35	4.82	4.41	4.11	3.58	3.05	2.67	2.37	1.860	1.368	0.762	0.536	0.456	0.439	0.43
0.70	7.430	5.540	4.970	4.560	4.230	3.680	3.120	2.720	2.410	1.879	1.369	0.751	0.527	0.452	0.437	0.429
0.72	7.720	5.730	5.130	4.710	4.360	3.780	3.200	2.780	2.450	1.898	1.369	0.739	0.518	0.449	0.435	0.429
0.74	8.020	5.920	5.310	4.840	4.480	3.880	3.270	2.830	2.490	1.916	1.370	0.728	0.510	0.446	0.434	0.221
0.76	8.330	6.130	5.480	5.000	4.620	3.980	3.340	2.890	2.530	1.934	1.370	0.716	0.503	0.443	0.433	0.429
0.78	8.640	6.330	5.650	5.150	4.750	4.080	3.420	2.940	2.570	1.952	1.369	0.705	0.496	0.440	0.432	0.429
0.80	8.950	6.530	5.820	5.290	4.880	4.180	3.490	2.990	2.610	1.968	1.368	0.694	0.489	0.438	0.431	0.429
0.82	9.270	6.740	5.990	5.440	5.010	4.280	3.560	3.050	2.650	1.980	1.366	0.682	0.483	0.437	0.430	0.429
0.84	9.590	6.950	6.160	5.590	5.150	4.380	3.640	3.100	2.680	1.999	1.363	0.670	0.477	0.435	0.430	0.429
0.86	9.910	7.160	6.340	5.750	5.280	4.490	3.710	3.150	2.720	2.010	1.360	0.659	0.472	0.434	0.430	0.429
0.88	10.260	7.380	6.530	5.900	5.410	4.590	3.790	3.210	2.760	2.030	1.357	0.648	0.467	0.433	0.429	0.429
0.90	10.610	7.590	6.700	6.050	5.560	4.700	3.860	3.260	2.800	2.040	1.352	0.638	0.463	0.432	0.429	0.429

续表

C_v	P/%															
	0.01	0.1	0.2	0.33	0.5	1	2	3.3	5	10	20	50	75	90	95	99
0.92	10.950	7.810	6.880	6.210	5.700	4.800	3.930	3.310	2.830	2.050	1.347	0.627	0.459	0.431	0.429	0.429
0.94	11.280	8.040	7.070	6.370	5.840	4.910	4.010	3.360	2.870	2.060	1.341	0.617	0.455	0.431	0.429	0.429
0.96	11.640	8.260	7.270	6.540	5.980	5.010	4.080	3.420	2.900	2.080	1.335	0.607	0.452	0.430	0.429	0.429
0.98	12.000	8.480	7.460	6.700	6.120	5.120	4.150	3.470	2.940	2.090	1.329	0.597	0.449	0.430	0.429	0.429
1.00	12.370	8.720	7.650	6.870	6.250	5.220	4.230	3.530	2.970	2.100	1.322	0.587	0.446	0.430	0.429	0.429
1.05	13.300	9.320	8.140	7.290	6.600	5.490	4.410	3.640	3.050	2.120	1.303	0.565	0.441	0.429	0.429	0.429
1.10	14.300	9.890	8.630	7.710	6.980	5.760	4.590	3.760	3.130	2.130	1.28	0.544	0.437	0.429	0.429	0.429
1.15	15.200	10.500	9.150	8.130	7.340	6.030	4.770	3.880	3.200	2.150	1.255	0.526	0.434	0.429	0.429	0.429
1.20	16.300	11.100	9.640	8.570	7.710	6.300	4.940	3.990	3.270	2.150	1.228	0.509	0.432	0.429	0.429	0.429
1.25	17.300	11.800	10.100	8.990	8.090	6.570	5.120	4.100	3.340	2.160	1.199	0.494	0.431	0.429	0.429	0.429
1.30	18.400	12.400	10.700	9.450	8.480	6.840	5.290	4.210	3.400	2.160	1.167	0.483	0.43	0.429	0.429	0.429
1.35	19.500	13.100	11.200	9.900	8.850	7.110	5.460	4.310	3.460	2.150	1.135	0.472	0.429	0.429	0.429	0.429
1.40	20.700	13.800	11.800	10.300	9.230	7.380	5.620	4.410	3.510	2.140	1.102	0.463	0.429	0.429	0.429	0.429
1.45	21.800	14.500	12.300	10.800	9.620	7.650	5.780	4.500	3.550	2.130	1.067	0.455	0.429	0.429	0.429	0.429
1.50	23.000	15.100	12.900	11.300	10.000	7.920	5.940	4.590	3.590	2.110	1.033	0.450	0.429	0.429	0.429	0.429
1.55	24.200	15.800	13.500	11.700	10.400	8.180	6.100	4.670	3.630	2.100	0.998	0.445	0.429	0.429	0.429	0.429
1.60	25.500	16.600	14.000	12.200	10.800	8.440	6.240	4.750	3.660	2.070	0.964	0.441	0.429	0.429	0.429	0.429
1.65	26.700	17.300	14.600	12.700	11.200	8.700	6.390	4.830	3.690	2.050	0.929	0.438	0.429	0.429	0.429	0.429
1.70	28.000	18.000	15.200	13.100	11.600	8.960	6.530	4.890	3.710	2.020	0.896	0.435	0.429	0.429	0.429	0.429
1.75	29.300	18.800	15.800	13.600	11.900	9.220	6.670	4.960	3.730	1.990	0.862	0.433	0.429	0.429	0.429	0.429
1.80	30.600	19.600	16.400	14.100	12.300	9.470	6.810	5.020	3.740	1.950	0.831	0.432	0.429	0.429	0.429	0.429
1.85	32.000	20.300	17.000	14.600	12.800	9.720	6.930	5.070	3.750	1.920	0.798	0.431	0.429	0.429	0.429	0.429
1.90	33.400	21.100	17.600	15.000	13.200	9.970	7.060	5.120	3.760	1.880	0.769	0.430	0.429	0.429	0.429	0.429
1.95	34.800	21.900	18.100	15.500	13.600	10.200	7.180	5.170	3.760	1.840	0.739	0.430	0.429	0.429	0.429	0.429
2.00	36.200	22.600	18.800	16.000	13.900	10.500	7.290	5.210	3.750	1.800	0.711	0.429	0.429	0.429	0.429	0.429

附表 2-5

$C_S=4C_v$ 时，K_p 值表

C_v	P/%														
	0.01	0.1	0.2	0.33	0.5	1	2	3.3	5	10	20	50	75	90	95	99
0.02	1.078	1.064	1.060	1.056	1.053	1.048	1.042	1.037	1.033	1.026	1.017	1.000	0.986	0.975	0.968	0.955
0.04	1.163	1.133	1.123	1.115	1.109	1.098	1.086	1.076	1.068	1.052	1.033	0.999	0.972	0.949	0.936	0.912
0.06	1.254	1.206	1.190	1.178	1.168	1.150	1.131	1.116	1.103	1.078	1.050	0.998	0.958	0.925	0.905	0.872
0.08	1.353	1.284	1.261	1.244	1.230	1.205	1.178	1.156	1.138	1.105	1.066	0.996	0.944	0.901	0.876	0.833
0.10	1.460	1.367	1.337	1.316	1.295	1.262	1.226	1.198	1.175	1.132	1.082	0.993	0.929	0.877	0.848	0.797
0.12	1.573	1.454	1.415	1.386	1.363	1.321	1.276	1.241	1.212	1.159	1.097	0.990	0.915	0.854	0.820	0.766
0.14	1.694	1.545	1.499	1.463	1.433	1.382	1.328	1.285	1.250	1.186	1.112	0.987	0.900	0.831	0.793	0.731
0.16	1.822	1.642	1.586	1.542	1.507	1.445	1.381	1.330	1.289	1.213	1.127	0.983	0.885	0.809	0.768	0.701
0.18	1.957	1.744	1.677	1.624	1.584	1.511	1.435	1.376	1.328	1.240	1.142	0.979	0.870	0.788	0.746	0.677
0.20	2.10	1.849	1.770	1.711	1.662	1.578	1.491	1.423	1.368	1.267	1.156	0.974	0.855	0.767	0.722	0.653
0.22	2.25	1.960	1.867	1.799	1.744	1.648	1.548	1.471	1.408	1.294	1.170	0.968	0.840	0.747	0.701	0.634
0.24	2.41	2.07	1.970	1.890	1.828	1.719	1.606	1.520	1.449	1.321	1.183	0.962	0.824	0.728	0.681	0.611
0.26	2.57	2.19	2.08	1.986	1.916	1.793	1.665	1.569	1.490	1.348	1.196	0.956	0.809	0.709	0.662	0.593
0.28	2.74	2.32	2.19	2.09	2.01	1.868	1.726	1.619	1.531	1.375	1.208	0.949	0.794	0.692	0.645	0.580
0.30	2.92	2.44	2.30	2.19	2.10	1.945	1.788	1.669	1.573	1.402	1.220	0.941	0.780	0.674	0.627	0.565
0.32	3.11	2.58	2.41	2.29	2.19	2.02	1.851	1.720	1.615	1.428	1.231	0.934	0.765	0.657	0.612	0.553
0.34	3.30	2.71	2.53	2.40	2.29	2.10	1.915	1.772	1.657	1.455	1.242	0.925	0.750	0.643	0.598	0.544
0.36	3.50	2.85	2.65	2.51	2.39	2.19	1.980	1.825	1.700	1.481	1.252	0.917	0.736	0.628	0.585	0.535
0.38	3.71	3.00	2.78	2.62	2.49	2.27	2.05	1.878	1.742	1.506	1.261	0.908	0.722	0.615	0.573	0.526
0.40	3.93	3.15	2.91	2.74	2.60	2.36	2.11	1.930	1.785	1.532	1.270	0.898	0.708	0.602	0.563	0.521
0.42	4.15	3.30	3.05	2.85	2.70	2.44	2.18	1.984	1.827	1.557	1.279	0.889	0.694	0.591	0.553	0.517
0.44	4.38	3.46	3.18	2.97	2.81	2.53	2.25	2.04	1.870	1.581	1.286	0.879	0.681	0.580	0.544	0.512

续表

C_v	P/%														
	0.01	0.1	0.2	0.33	0.5	1	2	3.3	5	10	20	50	75	90	95	99
0.46	4.62	3.62	3.32	3.10	2.93	2.62	2.32	2.09	1.913	1.605	1.292	0.869	0.668	0.569	0.537	0.509
0.48	4.86	3.78	3.46	3.22	3.04	2.71	2.39	2.15	1.955	1.629	1.299	0.858	0.656	0.560	0.532	0.507
0.50	5.10	3.95	3.61	3.35	3.15	2.80	2.46	2.20	1.998	1.651	1.305	0.847	0.644	0.553	0.526	0.505
0.52	5.36	4.12	3.75	3.48	3.27	2.90	2.53	2.25	2.04	1.674	1.310	0.836	0.632	0.546	0.521	0.503
0.54	5.62	4.30	3.91	3.62	3.39	2.99	2.60	2.31	2.08	1.695	1.314	0.824	0.621	0.539	0.517	0.503
0.56	5.89	4.48	4.06	3.75	3.51	3.09	2.67	2.36	2.12	1.716	1.317	0.813	0.611	0.533	0.513	0.502
0.58	6.17	4.67	4.21	3.89	3.63	3.18	2.74	2.42	2.17	1.737	1.320	0.801	0.601	0.528	0.511	0.501
0.60	6.45	4.86	4.38	4.02	3.75	3.28	2.81	2.47	2.21	1.757	1.323	0.789	0.591	0.523	0.509	0.501
0.62	6.74	5.04	4.54	4.17	3.87	3.38	2.89	2.53	2.25	1.777	1.323	0.778	0.583	0.519	0.507	0.501
0.64	7.03	5.23	4.71	4.31	4.00	3.48	2.96	2.58	2.29	1.795	1.324	0.766	0.574	0.516	0.505	0.500
0.66	7.33	5.43	4.88	4.46	4.13	3.58	3.03	2.64	2.33	1.813	1.324	0.755	0.567	0.513	0.504	0.500
0.68	7.64	5.64	5.04	4.61	4.27	3.68	3.11	2.69	2.37	1.831	1.324	0.743	0.560	0.510	0.503	0.500
0.70	7.96	5.83	5.22	4.76	4.39	3.78	3.18	2.74	2.41	1.847	1.322	0.731	0.553	0.509	0.502	0.500
0.72	8.27	6.05	5.39	4.90	4.53	3.88	3.25	2.80	2.45	1.863	1.320	0.720	0.547	0.507	0.502	0.500
0.74	8.59	6.26	5.56	5.06	4.66	3.99	3.33	2.85	2.48	1.878	1.317	0.709	0.541	0.505	0.501	0.500
0.76	8.93	6.48	5.74	5.21	4.80	4.09	3.40	2.90	2.52	1.892	1.314	0.697	0.536	0.504	0.501	0.500
0.78	9.28	6.69	5.93	5.36	4.93	4.20	3.47	2.96	2.56	1.906	1.310	0.687	0.532	0.503	0.501	0.500
0.80	9.61	6.91	6.11	5.53	5.07	4.30	3.55	3.01	2.59	1.918	1.305	0.676	0.527	0.502	0.501	0.500
0.82	9.95	7.13	6.29	5.68	5.22	4.40	3.62	3.06	2.63	1.930	1.299	0.666	0.524	0.502	0.500	0.500
0.84	10.31	7.35	6.49	5.84	5.36	4.51	3.70	3.11	2.66	1.941	1.294	0.656	0.521	0.502	0.500	0.500
0.86	10.67	7.57	6.68	6.01	5.50	4.62	3.77	3.16	2.70	1.952	1.287	0.646	0.518	0.501	0.500	0.500
0.88	11.04	7.80	6.86	6.18	5.63	4.72	3.84	3.21	2.73	1.962	1.279	0.637	0.515	0.501	0.500	0.500

续表

C_v	P/%															
	0.01	0.1	0.2	0.33	0.5	1	2	3.3	5	10	20	50	75	90	95	99
0.90	11.42	8.06	7.04	6.34	5.78	4.83	3.91	3.26	2.77	1.969	1.272	0.627	0.513	0.501	0.500	0.500
0.92	11.79	8.29	7.26	6.52	5.91	4.94	3.99	3.31	2.80	1.977	1.264	0.619	0.511	0.500	0.500	0.500
0.94	12.18	8.51	7.46	6.68	6.07	5.40	4.06	3.36	2.83	1.983	1.255	0.610	0.509	0.500	0.500	0.500
0.96	12.57	8.75	7.65	6.85	6.22	5.15	4.13	3.41	2.86	1.990	1.245	0.602	0.508	0.500	0.500	0.500
0.98	12.95	9.00	7.86	7.02	6.36	5.26	4.20	3.46	2.89	1.996	1.236	0.595	0.506	0.500	0.500	0.500
1.00	13.36	9.25	8.05	7.18	6.50	5.37	4.27	3.50	2.92	2.000	1.226	0.587	0.505	0.500	0.500	0.500

附表 2-6　　$C_S=5C_v$ 时，K_p 值表

C_v	P/%															
	0.01	0.1	0.2	0.33	0.5	1	2	3.3	5	10	20	50	75	90	95	99
0.05	1.213	1.172	1.159	1.149	1.141	1.125	1.109	1.096	1.086	1.065	1.041	0.998	0.965	0.937	0.921	0.893
0.10	1.482	1.382	1.348	1.324	1.304	1.269	1.231	1.202	1.177	1.132	1.081	0.992	0.929	0.878	0.851	0.807
0.15	1.809	1.626	1.569	1.526	1.490	1.429	1.364	1.315	1.274	1.200	1.118	0.981	0.891	0.824	0.789	0.735
0.20	2.19	1.906	1.819	1.750	1.697	1.604	1.508	1.435	1.375	1.268	1.152	0.967	0.854	0.775	0.737	0.681
0.25	2.63	2.22	2.09	2.00	1.927	1.795	1.662	1.561	1.479	1.335	1.182	0.949	0.816	0.731	0.694	0.646
0.30	3.13	2.57	2.40	2.27	2.17	1.999	1.823	1.691	1.585	1.400	1.207	0.928	0.780	0.694	0.660	0.623
0.35	3.68	2.95	2.73	2.57	2.44	2.22	1.991	1.825	1.692	1.462	1.228	0.904	0.746	0.665	0.636	0.610
0.40	4.28	3.36	3.09	2.88	2.72	2.44	2.16	1.960	1.789	1.521	1.244	0.877	0.715	0.642	0.621	0.604
0.45	4.94	3.80	3.46	3.22	3.02	2.68	2.34	2.10	1.903	1.575	1.253	0.849	0.688	0.626	0.610	0.601
0.50	5.65	4.27	3.86	3.57	3.32	2.92	2.52	2.23	2.01	1.625	1.259	0.820	0.664	0.615	0.605	0.600
0.55	6.41	4.77	4.29	3.93	3.65	3.17	2.71	2.37	2.11	1.670	1.258	0.791	0.646	0.608	0.602	0.600

续表

C_v	P/%															
	0.01	0.1	0.2	0.33	0.5	1	2	3.3	5	10	20	50	75	90	95	99
0.60	7.21	5.29	4.72	4.31	3.99	3.43	2.89	2.50	2.20	1.708	1.253	0.762	0.631	0.604	0.601	0.600
0.65	8.06	5.83	5.17	4.70	4.33	3.69	3.07	2.63	2.29	1.740	1.241	0.736	0.620	0.602	0.600	0.600
0.70	8.69	6.39	5.65	5.11	4.67	3.96	3.26	2.76	2.38	1.768	1.225	0.711	0.612	0.601	0.600	0.600
0.75	9.90	6.99	6.15	5.53	5.03	4.22	3.44	2.88	2.46	1.786	1.205	0.689	0.607	0.602	0.600	0.600

附表 2-7　　$C_S=6C_v$ 时，K_p 值表

C_v	P/%															
	0.01	0.1	0.2	0.33	0.5	1	2	3.3	5	10	20	50	75	90	95	99
0.05	1.219	1.176	1.162	1.151	1.143	1.127	1.111	1.097	1.086	1.065	1.041	0.998	0.965	0.938	0.922	0.894
0.10	1.505	1.395	1.361	1.335	1.313	1.275	1.236	1.205	1.180	1.133	1.080	0.990	0.928	0.880	0.854	0.810
0.15	1.859	1.659	1.595	1.548	1.510	1.444	1.375	1.322	1.279	1.201	1.115	0.978	0.891	0.828	0.797	0.753
0.20	2.28	1.963	1.865	1.790	1.732	1.630	1.525	1.446	1.382	1.268	1.147	0.961	0.853	0.782	0.752	0.709
0.25	2.77	2.31	2.10	2.06	1.98	1.83	1.69	1.58	1.488	1.333	1.173	0.940	0.817	0.745	0.717	0.686
0.30	3.33	2.69	2.50	2.36	2.25	2.05	1.85	1.71	1.595	1.395	1.193	0.916	0.783	0.716	0.694	0.673
0.35	3.95	3.11	2.86	2.68	2.53	2.28	2.03	1.85	1.701	1.453	1.207	0.889	0.753	0.696	0.680	0.669
0.40	4.64	3.57	3.26	3.02	2.84	2.52	2.21	1.98	1.805	1.505	1.215	0.859	0.728	0.682	0.672	0.667
0.45	5.38	4.06	3.67	3.38	3.16	2.70	2.39	2.12	1.906	1.551	1.216	0.831	0.708	0.674	0.669	0.667
0.50	6.17	4.58	4.10	3.76	3.49	3.03	2.58	2.25	2.00	1.590	1.210	0.802	0.693	0.670	0.667	0.667
0.55	7.03	5.13	4.56	4.15	3.84	3.29	2.76	2.38	2.09	1.622	1.199	0.775	0.682	0.668	0.667	0.667
0.60	7.95	5.70	5.03	4.56	4.19	3.55	2.94	2.51	2.18	1.646	1.181	0.752	0.675	0.667	0.667	0.667
0.65	8.69	6.29	5.54	4.98	4.55	3.82	3.12	2.63	2.26	1.663	1.159	0.731	0.671	0.667	0.667	0.667
0.70	9.92	6.91	6.04	5.42	4.91	4.09	3.30	2.75	2.33	1.672	1.133	0.714	0.669	0.667	0.667	0.667
0.75	10.97	7.57	6.57	5.86	5.30	4.36	3.47	2.85	2.39	1.675	1.103	0.700	0.668	0.667	0.667	0.667

附表3 瞬时单位线 $S(t)$ 曲线表

附表 3-1

当 $n=1.0\sim3.0$ 时，$S(t)$ 曲线表

t/k	n																				
	1.0	1.1	1.2	1.3	1.4	1.5	1.6	1.7	1.8	1.9	2.0	2.1	2.2	2.3	2.4	2.5	2.6	2.7	2.8	2.9	3.0
0.0	0.000	0.000	0.000	0.000	0.000	0.000	0.000	0.000	0.000	0.000	0.000	0.000	0.000	0.000	0.000	0.000	0.000	0.000	0.000	0.000	0.000
0.1	0.095	0.072	0.054	0.041	0.030	0.022	0.017	0.012	0.009	0.006	0.005	0.003	0.002	0.002	0.001	0.001	0.001	0.000	0.000	0.000	0.000
0.2	0.181	0.147	0.118	0.095	0.075	0.060	0.047	0.037	0.029	0.023	0.018	0.014	0.010	0.008	0.006	0.005	0.004	0.003	0.002	0.002	0.001
0.3	0.259	0.218	0.182	0.152	0.126	0.104	0.085	0.069	0.056	0.046	0.037	0.030	0.024	0.019	0.015	0.012	0.009	0.007	0.006	0.005	0.004
0.4	0.330	0.285	0.245	0.209	0.178	0.151	0.127	0.107	0.089	0.074	0.062	0.051	0.042	0.034	0.028	0.023	0.019	0.015	0.012	0.010	0.008
0.5	0.393	0.347	0.304	0.265	0.230	0.199	0.171	0.147	0.125	0.106	0.090	0.076	0.064	0.054	0.045	0.037	0.031	0.026	0.021	0.018	0.014
0.6	0.451	0.404	0.359	0.319	0.281	0.247	0.216	0.188	0.164	0.141	0.122	0.105	0.090	0.076	0.065	0.055	0.047	0.039	0.033	0.028	0.023
0.7	0.503	0.456	0.412	0.370	0.331	0.294	0.261	0.231	0.203	0.178	0.156	0.136	0.118	0.102	0.088	0.076	0.065	0.056	0.047	0.040	0.034
0.8	0.551	0.505	0.460	0.418	0.378	0.341	0.306	0.273	0.243	0.216	0.191	0.169	0.148	0.130	0.113	0.099	0.086	0.074	0.064	0.055	0.047
0.9	0.593	0.549	0.505	0.463	0.423	0.385	0.349	0.315	0.284	0.255	0.228	0.203	0.180	0.159	0.141	0.124	0.109	0.095	0.083	0.072	0.063
1.0	0.632	0.589	0.547	0.506	0.466	0.428	0.391	0.356	0.324	0.293	0.264	0.238	0.213	0.190	0.170	0.151	0.134	0.118	0.104	0.092	0.080
1.1	0.667	0.626	0.585	0.545	0.506	0.468	0.431	0.396	0.363	0.331	0.301	0.273	0.247	0.222	0.200	0.179	0.160	0.143	0.127	0.113	0.100
1.2	0.699	0.660	0.621	0.582	0.544	0.506	0.470	0.435	0.401	0.368	0.337	0.308	0.281	0.255	0.231	0.209	0.188	0.169	0.151	0.135	0.121
1.3	0.727	0.691	0.654	0.616	0.579	0.543	0.507	0.471	0.437	0.405	0.373	0.343	0.352	0.288	0.262	0.239	0.216	0.196	0.177	0.159	0.143
1.4	0.753	0.719	0.684	0.648	0.612	0.577	0.541	0.507	0.473	0.440	0.408	0.378	0.348	0.321	0.294	0.269	0.246	0.224	0.203	0.184	0.167
1.5	0.777	0.744	0.711	0.677	0.643	0.608	0.574	0.540	0.507	0.474	0.442	0.411	0.382	0.353	0.326	0.300	0.275	0.252	0.231	0.210	0.191
1.6	0.798	0.768	0.736	0.740	0.671	0.638	0.605	0.572	0.539	0.507	0.475	0.444	0.414	0.385	0.357	0.331	0.305	0.281	0.258	0.237	0.217
1.7	0.817	0.789	0.759	0.729	0.698	0.666	0.634	0.602	0.570	0.538	0.507	0.476	0.446	0.417	0.389	0.361	0.335	0.310	0.287	0.264	0.243
1.8	0.835	0.808	0.781	0.752	0.722	0.692	0.661	0.630	0.599	0.568	0.537	0.507	0.477	0.045	0.419	0.392	0.365	0.340	0.315	0.292	0.269
1.9	0.850	0.826	0.800	0.773	0.745	0.716	0.687	0.657	0.627	0.596	0.566	0.536	0.507	0.478	0.449	0.421	0.395	0.368	0.343	0.319	0.296

续表

t/k	n																				
	1.0	1.1	1.2	1.3	1.4	1.5	1.6	1.7	1.8	1.9	2.0	2.1	2.2	2.3	2.4	2.5	2.6	2.7	2.8	2.9	3.0
2.0	0.865	0.842	0.818	0.792	0.766	0.739	0.710	0.682	0.653	0.623	0.594	0.565	0.536	0.507	0.478	0.451	0.423	0.397	0.372	0.347	0.323
2.1	0.878	0.856	0.834	0.810	0.785	0.759	0.733	0.705	0.677	0.649	0.620	0.592	0.563	0.535	0.507	0.479	0.452	0.425	0.400	0.375	0.350
2.2	0.889	0.870	0.849	0.826	0.803	0.779	0.753	0.727	0.700	0.673	0.645	0.618	0.590	0.562	0.534	0.507	0.480	0.456	0.427	0.402	0.377
2.3	0.900	0.882	0.862	0.841	0.819	0.796	0.772	0.748	0.722	0.696	0.669	0.642	0.615	0.588	0.560	0.533	0.507	0.480	0.454	0.429	0.404
2.4	0.909	0.893	0.875	0.855	0.835	0.813	0.790	0.767	0.742	0.717	0.692	0.665	0.639	0.613	0.586	0.559	0.533	0.807	0.481	0.455	0.430
2.5	0.918	0.902	0.886	0.868	0.849	0.828	0.807	0.784	0.761	0.737	0.713	0.688	0.662	0.636	0.610	0.584	0.558	0.532	0.506	0.481	0.456
2.6	0.926	0.912	0.896	0.879	0.861	0.842	0.822	0.801	0.779	0.756	0.733	0.708	0.684	0.659	0.634	0.608	0.582	0.557	0.532	0.506	0.482
2.7	0.933	0.920	0.905	0.890	0.873	0.855	0.836	0.816	0.796	0.774	0.751	0.728	0.705	0.680	0.656	0.631	0.606	0.581	0.556	0.531	0.506
2.8	0.939	0.927	0.914	0.899	0.884	0.867	0.849	0.831	0.811	0.790	0.769	0.747	0.724	0.701	0.677	0.653	0.629	0.604	0.579	0.555	0.531
2.9	0.945	0.934	0.922	0.908	0.894	0.878	0.862	0.844	0.825	0.806	0.785	0.764	0.742	0.720	0.697	0.674	0.650	0.626	0.602	0.578	0.554
3.0	0.950	0.940	0.929	0.916	0.903	0.888	0.873	0.856	0.839	0.820	0.801	0.781	0.760	0.738	0.716	0.694	0.671	0.648	0.624	0.600	0.577
3.1	0.955	0.946	0.935	0.924	0.911	0.898	0.883	0.868	0.851	0.834	0.815	0.796	0.776	0.756	0.734	0.713	0.691	0.668	0.645	0.622	0.599
3.2	0.959	0.951	0.941	0.930	0.919	0.906	0.893	0.878	0.863	0.846	0.829	0.811	0.792	0.772	0.752	0.731	0.709	0.688	0.665	0.643	0.620
3.3	0.963	0.955	0.946	0.937	0.926	0.914	0.902	0.888	0.873	0.858	0.841	0.824	0.806	0.787	0.768	0.748	0.727	0.706	0.685	0.663	0.641
3.4	0.967	0.959	0.951	0.942	0.932	0.921	0.910	0.897	0.883	0.869	0.853	0.837	0.820	0.802	0.783	0.764	0.744	0.724	0.703	0.682	0.660
3.5	0.970	0.963	0.956	0.947	0.938	0.928	0.917	0.905	0.892	0.879	0.864	0.849	0.832	0.815	0.798	0.779	0.760	0.741	0.721	0.700	0.679
3.6	0.973	0.967	0.960	0.952	0.944	0.934	0.924	0.913	0.901	0.888	0.874	0.860	0.844	0.828	0.811	0.794	0.776	0.757	0.737	0.718	0.697
3.7	0.975	0.970	0.963	0.956	0.948	0.940	0.930	0.920	0.909	0.897	0.884	0.870	0.856	0.840	0.824	0.807	0.790	0.772	0.753	0.734	0.715
3.8	0.978	0.973	0.967	0.960	0.953	0.945	0.936	0.926	0.916	0.905	0.893	0.880	0.866	0.851	0.836	0.820	0.804	0.786	0.768	0.750	0.731
3.9	0.980	0.975	0.970	0.964	0.957	0.950	0.941	0.932	0.923	0.912	0.901	0.889	0.876	0.862	0.848	0.832	0.817	0.800	0.783	0.765	0.747
4.0	0.982	0.977	0.973	0.967	0.961	0.954	0.946	0.938	0.929	0.919	0.908	0.897	0.885	0.872	0.858	0.844	0.829	0.813	0.796	0.779	0.762
4.1	0.983	0.980	0.975	0.970	0.964	0.958	0.951	0.943	0.935	0.925	0.915	0.905	0.893	0.881	0.868	0.854	0.840	0.825	0.809	0.793	0.776

续表

t/k	n																				
	1.0	1.1	1.2	1.3	1.4	1.5	1.6	1.7	1.8	1.9	2.0	2.1	2.2	2.3	2.4	2.5	2.6	2.7	2.8	2.9	3.0
4.2	0.985	0.981	0.977	0.973	0.967	0.962	0.955	0.948	0.940	0.931	0.922	0.912	0.901	0.890	0.877	0.864	0.851	0.837	0.822	0.806	0.790
4.3	0.986	0.983	0.979	0.975	0.970	0.965	0.959	0.952	0.945	0.937	0.928	0.919	0.909	0.898	0.886	0.874	0.861	0.847	0.833	0.818	0.803
4.4	0.988	0.985	0.981	0.977	0.973	0.968	0.962	0.956	0.949	0.942	0.934	0.925	0.915	0.905	0.894	0.883	0.870	0.857	0.844	0.830	0.815
4.5	0.989	0.986	0.983	0.979	0.975	0.971	0.966	0.960	0.953	0.947	0.939	0.931	0.922	0.912	0.902	0.891	0.879	0.867	0.854	0.841	0.826
4.6	0.990	0.987	0.985	0.981	0.978	0.973	0.968	0.963	0.957	0.951	0.944	0.936	0.928	0.919	0.909	0.899	0.888	0.876	0.864	0.851	0.837
4.7	0.994	0.989	0.986	0.983	0.980	0.976	0.971	0.966	0.961	0.955	0.948	0.941	0.933	0.925	0.916	0.906	0.895	0.884	0.873	0.861	0.848
4.8	0.992	0.990	0.987	0.985	0.981	0.978	0.974	0.969	0.964	0.958	0.952	0.946	0.938	0.930	0.922	0.913	0.903	0.892	0.881	0.870	0.857
4.9	0.993	0.991	0.988	0.986	0.983	0.980	0.976	0.972	0.967	0.962	0.956	0.950	0.943	0.936	0.928	0.919	0.910	0.900	0.889	0.878	0.867
5.0	0.993	0.992	0.990	0.987	0.984	0.981	0.978	0.974	0.970	0.965	0.960	0.954	0.947	0.940	0.933	0.925	0.916	0.907	0.897	0.886	0.875
5.1	0.994	0.992	0.990	0.988	0.986	0.983	0.980	0.976	0.972	0.968	0.963	0.957	0.951	0.945	0.938	0.930	0.922	0.913	0.904	0.894	0.884
5.2	0.994	0.993	0.991	0.989	0.987	0.985	0.982	0.978	0.975	0.970	0.966	0.961	0.955	0.949	0.942	0.935	0.928	0.919	0.911	0.901	0.891
5.3	0.995	0.994	0.992	0.990	0.988	0.986	0.983	0.980	0.977	0.973	0.969	0.964	0.959	0.953	0.947	0.940	0.933	0.925	0.917	0.908	0.898
5.4	0.995	0.994	0.993	0.991	0.989	0.987	0.985	0.982	0.979	0.975	0.971	0.967	0.962	0.957	0.951	0.945	0.938	0.930	0.923	0.914	0.905
5.5	0.996	0.995	0.994	0.992	0.990	0.988	0.986	0.983	0.980	0.977	0.973	0.969	0.965	0.960	0.955	0.949	0.942	0.935	0.928	0.920	0.912
5.6	0.996	0.995	0.994	0.993	0.991	0.989	0.987	0.985	0.982	0.979	0.976	0.972	0.968	0.963	0.958	0.952	0.946	0.940	0.933	0.926	0.918
5.7	0.997	0.996	0.995	0.993	0.992	0.990	0.988	0.986	0.984	0.981	0.978	0.974	0.970	0.966	0.961	0.956	0.950	0.944	0.938	0.931	0.923
5.8	0.997	0.996	0.995	0.994	0.993	0.991	0.989	0.987	0.985	0.985	0.979	0.976	0.973	0.969	0.964	0.959	0.954	0.948	0.942	0.936	0.928
5.9	0.997	0.997	0.996	0.995	0.993	0.992	0.990	0.988	0.986	0.984	0.981	0.978	0.975	0.971	0.967	0.962	0.957	0.952	0.946	0.940	0.933
6.0	0.998	0.997	0.996	0.995	0.994	0.993	0.991	0.989	0.987	0.985	0.983	0.980	0.977	0.973	0.969	0.965	0.961	0.956	0.950	0.944	0.938
6.1	0.998	0.997	0.996	0.996	0.994	0.993	0.992	0.990	0.988	0.986	0.984	0.981	0.979	0.975	0.972	0.968	0.964	0.959	0.954	0.948	0.942
6.2	0.998	0.997	0.997	0.996	0.995	0.994	0.993	0.991	0.989	0.988	0.985	0.983	0.980	0.977	0.974	0.970	0.966	0.962	0.957	0.952	0.946

续表

t/k	n																				
	1.0	1.1	1.2	1.3	1.4	1.5	1.6	1.7	1.8	1.9	2.0	2.1	2.2	2.3	2.4	2.5	2.6	2.7	2.8	2.9	3.0
6.3	0.998	0.998	0.997	0.996	0.995	0.994	0.993	0.992	0.990	0.989	0.987	0.984	0.982	0.979	0.976	0.973	0.969	0.965	0.960	0.955	0.950
6.4	0.998	0.998	0.997	0.997	0.996	0.995	0.994	0.993	0.991	0.990	0.988	0.986	0.983	0.981	0.978	0.975	0.971	0.967	0.963	0.959	0.954
6.5	0.998	0.998	0.998	0.997	0.996	0.995	0.994	0.993	0.992	0.990	0.989	0.987	0.985	0.982	0.980	0.977	0.973	0.970	0.966	0.962	0.957
6.6	0.999	0.998	0.998	0.997	0.997	0.996	0.995	0.994	0.993	0.991	0.990	0.988	0.986	0.984	0.981	0.978	0.975	0.972	0.968	0.964	0.960
6.7	0.999	0.998	0.998	0.997	0.997	0.996	0.995	0.994	0.993	0.992	0.991	0.989	0.987	0.985	0.983	0.980	0.977	0.974	0.971	0.967	0.963
6.8	0.999	0.999	0.998	0.998	0.997	0.996	0.996	0.995	0.994	0.993	0.991	0.990	0.988	0.986	0.984	0.982	0.979	0.976	0.973	0.969	0.966
6.9	0.999	0.999	0.998	0.998	0.997	0.997	0.996	0.995	0.994	0.993	0.992	0.991	0.989	0.987	0.985	0.983	0.981	0.978	0.975	0.972	0.968
7.0	0.999	0.999	0.998	0.998	0.998	0.997	0.996	0.996	0.995	0.994	0.993	0.991	0.990	0.988	0.986	0.984	0.982	0.980	0.977	0.974	0.970
7.1	0.999	0.999	0.999	0.998	0.998	0.997	0.997	0.996	0.995	0.994	0.993	0.992	0.991	0.989	0.988	0.986	0.983	0.981	0.979	0.976	0.973
7.2	0.999	0.999	0.999	0.998	0.998	0.998	0.997	0.996	0.996	0.995	0.994	0.993	0.992	0.990	0.989	0.987	0.985	0.983	0.980	0.977	0.975
7.3	0.999	0.999	0.999	0.999	0.998	0.998	0.997	0.997	0.996	0.995	0.994	0.993	0.992	0.991	0.989	0.988	0.986	0.984	0.982	0.979	0.976
7.4	0.999	0.999	0.999	0.999	0.998	0.998	0.998	0.997	0.996	0.996	0.995	0.994	0.993	0.992	0.990	0.989	0.987	0.985	0.983	0.981	0.978
7.5	0.999	0.999	0.999	0.999	0.999	0.998	0.998	0.997	0.997	0.996	0.995	0.994	0.993	0.992	0.991	0.990	0.988	0.986	0.984	0.982	0.980
7.6	0.999	0.999	0.999	0.999	0.999	0.998	0.998	0.998	0.997	0.996	0.996	0.995	0.994	0.993	0.992	0.990	0.989	0.987	0.986	0.983	0.981
7.7	1.000	0.999	0.999	0.999	0.999	0.998	0.998	0.998	0.997	0.997	0.996	0.995	0.994	0.994	0.992	0.991	0.990	0.988	0.987	0.985	0.983
7.8	1.000	0.999	0.999	0.999	0.999	0.999	0.998	0.998	0.997	0.997	0.996	0.996	0.995	0.994	0.993	0.992	0.991	0.989	0.988	0.986	0.984
7.9	1.000	1.000	0.999	0.999	0.999	0.999	0.998	0.998	0.998	0.997	0.997	0.996	0.995	0.995	0.994	0.993	0.991	0.990	0.989	0.987	0.985
8.0	1.000	1.000	0.999	0.999	0.999	0.999	0.999	0.998	0.998	0.997	0.997	0.996	0.996	0.995	0.994	0.993	0.992	0.991	0.989	0.988	0.986
8.1	1.000	1.000	0.999	0.999	0.999	0.999	0.999	0.998	0.998	0.998	0.997	0.997	0.996	0.995	0.995	0.994	0.993	0.992	0.990	0.989	0.987
8.2	1.000	1.000	1.000	0.999	0.999	0.999	0.999	0.999	0.998	0.998	0.997	0.997	0.996	0.996	0.995	0.994	0.993	0.992	0.991	0.990	0.988
8.3	1.000	1.000	1.000	0.999	0.999	0.999	0.999	0.999	0.998	0.998	0.998	0.997	0.997	0.996	0.995	0.995	0.994	0.993	0.992	0.990	0.989

续表

t/k	n																				
	1.0	1.1	1.2	1.3	1.4	1.5	1.6	1.7	1.8	1.9	2.0	2.1	2.2	2.3	2.4	2.5	2.6	2.7	2.8	2.9	3.0
8.4	1.000	1.000	1.000	1.000	0.999	0.999	0.999	0.999	0.999	0.998	0.998	0.997	0.997	0.996	0.996	0.995	0.994	0.993	0.992	0.991	0.990
8.5	1.000	1.000	1.000	1.000	0.999	0.999	0.999	0.999	0.999	0.998	0.998	0.998	0.997	0.997	0.996	0.996	0.995	0.994	0.993	0.992	0.991
8.6	1.000	1.000	1.000	1.000	0.999	0.999	0.999	0.999	0.999	0.999	0.998	0.998	0.997	0.997	0.996	0.996	0.995	0.994	0.994	0.993	0.991
8.7	1.000	1.000	1.000	1.000	1.000	0.999	0.999	0.999	0.999	0.999	0.998	0.998	0.998	0.997	0.997	0.996	0.996	0.995	0.994	0.993	0.992
8.8	1.000	1.000	1.000	1.000	1.000	0.999	0.999	0.999	0.999	0.999	0.999	0.998	0.998	0.997	0.997	0.997	0.996	0.995	0.994	0.994	0.993
8.9	1.000	1.000	1.000	1.000	1.000	1.000	0.999	0.999	0.999	0.999	0.999	0.998	0.998	0.998	0.997	0.997	0.996	0.996	0.995	0.994	0.993
9.0	1.000	1.000	1.000	1.000	1.000	1.000	0.999	0.999	0.999	0.999	0.999	0.999	0.998	0.998	0.997	0.997	0.997	0.996	0.995	0.995	0.994
9.1	1.000	1.000	1.000	1.000	1.000	1.000	1.000	0.999	0.999	0.999	0.999	0.999	0.998	0.998	0.998	0.997	0.997	0.996	0.996	0.995	0.994
9.2	1.000	1.000	1.000	1.000	1.000	1.000	1.000	0.999	0.999	0.999	0.999	0.999	0.999	0.998	0.998	0.998	0.997	0.997	0.996	0.995	0.995
9.3	1.000	1.000	1.000	1.000	1.000	1.000	1.000	0.999	0.999	0.999	0.999	0.999	0.999	0.998	0.998	0.998	0.997	0.997	0.996	0.996	0.995
9.4	1.000	1.000	1.000	1.000	1.000	1.000	1.000	1.000	0.999	0.999	0.999	0.999	0.999	0.999	0.998	0.998	0.998	0.997	0.997	0.996	0.995
9.5	1.000	1.000	1.000	1.000	1.000	1.000	1.000	1.000	0.999	0.999	0.999	0.999	0.999	0.999	0.998	0.998	0.998	0.997	0.997	0.996	0.996
9.6	1.000	1.000	1.000	1.000	1.000	1.000	1.000	1.000	1.000	0.999	0.999	0.999	0.999	0.999	0.999	0.998	0.998	0.998	0.997	0.997	0.996
9.7	1.000	1.000	1.000	1.000	1.000	1.000	1.000	1.000	1.000	0.999	0.999	0.999	0.999	0.999	0.999	0.998	0.998	0.998	0.997	0.997	0.996
9.8	1.000	1.000	1.000	1.000	1.000	1.000	1.000	1.000	1.000	1.000	0.999	0.999	0.999	0.999	0.999	0.999	0.998	0.998	0.998	0.997	0.997
9.9	1.000	1.000	1.000	1.000	1.000	1.000	1.000	1.000	1.000	1.000	0.999	0.999	0.999	0.999	0.999	0.999	0.998	0.998	0.998	0.997	0.997
10.0	1.000	1.000	1.000	1.000	1.000	1.000	1.000	1.000	1.000	1.000	1.000	0.999	0.999	0.999	0.999	0.999	0.999	0.998	0.998	0.998	0.997
12.0	1.000	1.000	1.000	1.000	1.000	1.000	1.000	1.000	1.000	1.000	1.000	1.000	1.000	1.000	1.000	1.000	1.000	1.000	1.000	1.000	0.999
14.0	1.000	1.000	1.000	1.000	1.000	1.000	1.000	1.000	1.000	1.000	1.000	1.000	1.000	1.000	1.000	1.000	1.000	1.000	1.000	1.000	1.000

附表 3-2 当 n=3.0～5.0 时，$S(t)$ 曲线表

t/k	n																				
	3.0	3.1	3.2	3.3	3.4	3.5	3.6	3.7	3.8	3.9	4.0	4.1	4.2	4.3	4.4	4.5	4.6	4.7	4.8	4.9	5.0
0	0	0	0	0	0	0	0	0	0	0	0	0	0	0	0	0	0	0	0	0	0
0.5	0.014	0.012	0.010	0.008	0.006	0.005	0.004	0.003	0.003	0.002	0.002	0.001	0.001	0.001	0.001	0.001	0	0	0	0	0
1.0	0.080	0.070	0.061	0.053	0.046	0.040	0.035	0.030	0.026	0.022	0.019	0.016	0.014	0.012	0.010	0.009	0.007	0.006	0.006	0.004	0.004
1.1	0.100	0.088	0.077	0.068	0.060	0.052	0.045	0.040	0.034	0.030	0.026	0.022	0.019	0.016	0.014	0.012	0.010	0.009	0.008	0.006	0.005
1.2	0.121	0.107	0.095	0.084	0.074	0.066	0.058	0.051	0.044	0.039	0.034	0.029	0.026	0.022	0.019	0.017	0.014	0.012	0.011	0.009	0.008
1.3	0.143	0.128	0.114	0.102	0.091	0.081	0.071	0.063	0.056	0.049	0.043	0.038	0.033	0.029	0.025	0.022	0.019	0.017	0.014	0.012	0.011
1.4	0.167	0.150	0.135	0.121	0.109	0.097	0.087	0.077	0.069	0.061	0.054	0.047	0.042	0.037	0.032	0.028	0.025	0.022	0.019	0.016	0.014
1.5	0.191	0.173	0.157	0.142	0.128	0.115	0.103	0.092	0.083	0.074	0.066	0.058	0.052	0.046	0.040	0.036	0.031	0.028	0.024	0.021	0.019
1.6	0.217	0.198	0.180	0.164	0.148	0.134	0.121	0.109	0.098	0.088	0.079	0.070	0.063	0.056	0.050	0.044	0.039	0.035	0.031	0.027	0.024
1.7	0.243	0.223	0.204	0.186	0.170	0.154	0.140	0.127	0.115	0.103	0.093	0.084	0.075	0.067	0.060	0.054	0.048	0.043	0.038	0.033	0.030
1.8	0.269	0.248	0.228	0.210	0.192	0.175	0.160	0.146	0.132	0.120	0.109	0.098	0.089	0.080	0.072	0.064	0.058	0.051	0.046	0.041	0.036
1.9	0.296	0.274	0.253	0.234	0.215	0.197	0.181	0.166	0.151	0.138	0.125	0.114	0.103	0.093	0.084	0.076	0.068	0.061	0.055	0.049	0.044
2.0	0.323	0.301	0.279	0.258	0.239	0.220	0.203	0.186	0.171	0.156	0.143	0.130	0.119	0.108	0.098	0.089	0.080	0.072	0.065	0.059	0.053
2.1	0.350	0.327	0.305	0.283	0.263	0.244	0.225	0.208	0.191	0.176	0.161	0.148	0.135	0.123	0.112	0.102	0.093	0.084	0.076	0.069	0.062
2.2	0.377	0.354	0.331	0.309	0.287	0.267	0.248	0.230	0.212	0.196	0.181	0.166	0.153	0.140	0.128	0.117	0.107	0.097	0.088	0.080	0.072
2.3	0.404	0.380	0.356	0.334	0.312	0.291	0.271	0.252	0.234	0.217	0.201	0.185	0.171	0.157	0.144	0.132	0.121	0.111	0.101	0.092	0.084
2.4	0.430	0.406	0.382	0.359	0.337	0.316	0.295	0.275	0.256	0.238	0.221	0.205	0.190	0.175	0.161	0.149	0.137	0.125	0.115	0.105	0.096
2.5	0.456	0.432	0.408	0.385	0.362	0.340	0.319	0.299	0.279	0.260	0.242	0.225	0.209	0.194	0.179	0.166	0.153	0.141	0.129	0.119	0.109
2.6	0.482	0.457	0.433	0.41	0.387	0.364	0.343	0.322	0.302	0.283	0.264	0.246	0.229	0.213	0.198	0.183	0.170	0.157	0.145	0.133	0.123
2.7	0.506	0.482	0.458	0.434	0.411	0.389	0.367	0.346	0.325	0.305	0.286	0.268	0.250	0.233	0.217	0.202	0.187	0.174	0.161	0.149	0.137
2.8	0.531	0.506	0.482	0.459	0.436	0.413	0.391	0.369	0.348	0.328	0.308	0.289	0.271	0.253	0.237	0.221	0.206	0.191	0.178	0.165	0.152
2.9	0.554	0.530	0.506	0.483	0.460	0.437	0.414	0.392	0.371	0.350	0.330	0.311	0.292	0.274	0.257	0.240	0.224	0.209	0.195	0.181	0.168
3.0	0.577	0.553	0.530	0.506	0.483	0.460	0.438	0.416	0.394	0.373	0.353	0.333	0.314	0.295	0.277	0.260	0.244	0.228	0.213	0.198	0.185
3.1	0.599	0.576	0.552	0.529	0.506	0.483	0.461	0.439	0.417	0.396	0.375	0.355	0.335	0.316	0.298	0.280	0.263	0.247	0.231	0.216	0.202
3.2	0.620	0.597	0.574	0.552	0.529	0.506	0.484	0.462	0.440	0.418	0.397	0.377	0.357	0.338	0.319	0.301	0.283	0.266	0.250	0.234	0.219
3.2	0.641	0.618	0.596	0.573	0.551	0.528	0.506	0.484	0.462	0.441	0.420	0.399	0.379	0.359	0.340	0.321	0.303	0.286	0.269	0.253	0.237

续表

t/k	n																				
	3.0	3.1	3.2	3.3	3.4	3.5	3.6	3.7	3.8	3.9	4.0	4.1	4.2	4.3	4.4	4.5	4.6	4.7	4.8	4.9	5.0
3.4	0.660	0.638	0.616	0.594	0.572	0.550	0.528	0.506	0.484	0.463	0.442	0.421	0.400	0.380	0.361	0.342	0.324	0.306	0.289	0.272	0.256
3.5	0.679	0.658	0.636	0.615	0.593	0.571	0.549	0.528	0.506	0.485	0.463	0.442	0.422	0.402	0.382	0.363	0.344	0.326	0.308	0.291	0.275
3.6	0.697	0.677	0.656	0.634	0.613	0.592	0.570	0.549	0.527	0.506	0.485	0.464	0.443	0.423	0.403	0.384	0.365	0.346	0.328	0.311	0.294
3.7	0.715	0.695	0.674	0.653	0.633	0.612	0.590	0.569	0.548	0.527	0.506	0.485	0.464	0.444	0.424	0.404	0.385	0.366	0.348	0.330	0.313
3.8	0.731	0.712	0.692	0.672	0.651	0.631	0.610	0.589	0.568	0.547	0.527	0.506	0.485	0.465	0.445	0.425	0.406	0.387	0.368	0.350	0.332
3.9	0.747	0.728	0.709	0.689	0.670	0.649	0.629	0.609	0.588	0.567	0.547	0.526	0.506	0.485	0.465	0.446	0.426	0.407	0.388	0.370	0.352
4.0	0.762	0.744	0.725	0.706	0.687	0.667	0.648	0.627	0.607	0.587	0.567	0.546	0.526	0.506	0.486	0.446	0.446	0.427	0.408	0.389	0.371
4.2	0.790	0.773	0.756	0.738	0.720	0.701	0.682	0.663	0.644	0.624	0.605	0.585	0.565	0.545	0.525	0.506	0.486	0.467	0.448	0.429	0.410
4.4	0.815	0.799	0.783	0.767	0.750	0.733	0.715	0.697	0.678	0.660	0.641	0.621	0.602	0.583	0.563	0.544	0.525	0.506	0.486	0.468	0.449
4.6	0.837	0.823	0.809	0.793	0.778	0.761	0.745	0.728	0.710	0.692	0.674	0.674	0.637	0.619	0.600	0.581	0.562	0.543	0.524	0.524	0.487
4.8	0.857	0.854	0.831	0.817	0.803	0.788	0.772	0.765	0.740	0.723	0.706	0.688	0.671	0.653	0.634	0.616	0.598	0.579	0.561	0.542	0.524
5	0.875	0.864	0.851	0.839	0.825	0.811	0.797	0.782	0.767	0.751	0.735	0.718	0.702	0.685	0.667	0.650	0.632	0.614	0.596	0.578	0.560
5.2	0.891	0.881	0.870	0.858	0.846	0.833	0.820	0.806	0.792	0.777	0.762	0.746	0.731	0.714	0.698	0.681	0.664	0.647	0.629	0.612	0.594
5.4	0.905	0.896	0.866	0.875	0.864	0.852	0.840	0.828	0.814	0.801	0.787	0.772	0.757	0.742	0.726	0.710	0.694	0.678	0.661	0.664	0.627
5.6	0.918	0.909	0.900	0.891	0.880	0.870	0.859	0.847	0.835	0.822	0.809	0.796	0.782	0.768	0.753	0.738	0.722	0.707	0.691	0.674	0.658
5.8	0.928	0.921	0.913	0.904	0.895	0.855	0.875	0.865	0.854	0.842	0.830	0.818	0.805	0.791	0.777	0.763	0.749	0.734	0.719	0.703	0.687
6.0	0.938	0.931	0.924	0.916	0.908	0.899	0.890	0.881	0.870	0.860	0.849	0.837	0.825	0.813	0.800	0.787	0.773	0.759	0.745	0.730	0.715
6.5	0.957	0.952	0.947	0.941	0.935	0.928	0.921	0.913	0.905	0.897	0.888	0.879	0.869	0.859	0.848	0.837	0.826	0.814	0.802	0.789	0.776
7.0	0.970	0.967	0.963	0.958	0.954	0.949	0.943	0.938	0.932	0.925	0.918	0.991	0.903	0.895	0.887	0.878	0.868	0.859	0.848	0.838	0.827
7.5	0.980	0.977	0.974	0.971	0.968	0.964	0.960	0.956	0.951	0.946	0.941	0.935	0.929	0.923	0.916	0.909	0.902	0.894	0.886	0.877	0.868
8.0	0.986	0.984	0.982	0.980	0.978	0.975	0.972	0.969	0.965	0.962	0.958	0.953	0.949	0.944	0.939	0.933	0.927	0.921	0.915	0.908	0.900
9.0	0.994	0.993	0.992	0.991	0.989	0.988	0.986	0.985	0.983	0.981	0.979	0.976	0.974	0.971	0.968	0.965	0.961	0.958	0.954	0.950	0.945
10.0	0.997	0.997	0.996	0.996	0.995	0.994	0.994	0.993	0.992	0.991	0.990	0.988	0.987	0.986	0.984	0.982	0.980	0.978	0.976	0.973	0.971
11.0	0.999	0.999	0.998	0.998	0.998	0.997	0.997	0.997	0.996	0.996	0.995	0.994	0.994	0.993	0.992	0.991	0.990	0.989	0.998	0.986	0.985
12.0	0.999	0.999	0.999	0.999	0.999	0.999	0.999	0.998	0.998	0.998	0.998	0.997	0.997	0.997	0.996	0.996	0.995	0.995	0.994	0.993	0.992
14.0	1.000	1.000	1.000	1.000	1.000	1.000	1.000	1.000	1.000	1.000	1.000	0.999	0.999	0.999	0.999	0.999	0.999	0.999	0.999	0.998	0.998
16.0	1.000	1.000	1.000	1.000	1.000	1.000	1.000	1.000	1.000	1.000	1.000	1.000	1.000	1.000	1.000	1.000	1.000	1.000	1.000	1.000	1.000

附表 3-3　　当 n=5.0～7.0 时，$S(t)$ 曲线表

t/k	n																				
	5.0	5.1	5.2	5.3	5.4	5.5	5.6	5.7	5.8	5.9	6.0	6.1	6.2	6.3	6.4	6.5	6.6	6.7	6.8	6.9	7.0
0.0	0.000	0.000	0.000	0.000	0.000	0.000	0.000	0.000	0.000	0.000	0.000	0.000	0.000	0.000	0.000	0.000	0.000	0.000	0.000	0.000	0.000
0.5	0.000	0.000	0.000	0.000	0.000	0.000	0.000	0.000	0.000	0.000	0.000	0.000	0.000	0.000	0.000	0.000	0.000	0.000	0.000	0.000	0.000
1.0	0.004	0.003	0.003	0.002	0.002	0.002	0.001	0.001	0.001	0.001	0.001	0.000	0.000	0.000	0.000	0.000	0.000	0.000	0.000	0.000	0.000
1.5	0.019	0.016	0.014	0.012	0.011	0.009	0.008	0.007	0.006	0.005	0.004	0.004	0.003	0.003	0.002	0.002	0.002	0.002	0.001	0.001	0.001
2.0	0.053	0.047	0.042	0.038	0.034	0.030	0.027	0.024	0.021	0.019	0.017	0.015	0.013	0.011	0.010	0.009	0.008	0.007	0.006	0.005	0.005
2.5	0.109	0.100	0.091	0.083	0.076	0.069	0.063	0.057	0.051	0.047	0.042	0.038	0.034	0.031	0.028	0.025	0.022	0.020	0.018	0.016	0.014
3.0	0.185	0.172	0.160	0.148	0.137	0.127	0.117	0.108	0.099	0.091	0.084	0.077	0.071	0.065	0.059	0.054	0.049	0.045	0.041	0.037	0.034
3.2	0.219	0.205	0.192	0.179	0.166	0.155	0.144	0.133	0.123	0.114	0.105	0.097	0.090	0.082	0.076	0.070	0.064	0.058	0.053	0.049	0.045
3.4	0.256	0.240	0.226	0.211	0.198	0.185	0.173	0.161	0.150	0.139	0.129	0.120	0.111	0.103	0.095	0.088	0.081	0.075	0.069	0.063	0.058
3.6	0.294	0.277	0.261	0.246	0.231	0.217	0.204	0.191	0.179	0.167	0.156	0.145	0.135	0.126	0.117	0.108	0.100	0.093	0.086	0.079	0.073
3.8	0.332	0.315	0.298	0.287	0.266	0.251	0.237	0.223	0.210	0.197	0.184	0.173	0.162	0.151	0.141	0.131	0.122	0.114	0.106	0.098	0.091
4.0	0.371	0.353	0.336	0.319	0.303	0.287	0.271	0.256	0.242	0.228	0.215	0.202	0.190	0.178	0.167	0.156	0.160	0.137	0.128	0.119	0.111
4.1	0.391	0.373	0.355	0.338	0.321	0.305	0.289	0.274	0.259	0.244	0.231	0.217	0.205	0.193	0.181	0.170	0.159	0.149	0.139	0.130	0.121
4.2	0.410	0.392	0.374	0.357	0.340	0.323	0.307	0.291	0.276	0.261	0.247	0.233	0.220	0.207	0.195	0.183	0.172	0.162	0.151	0.142	0.133
4.3	0.430	0.411	0.393	0.750	0.358	0.341	0.325	0.309	0.293	0.278	0.263	0.249	0.236	0.222	0.210	0.198	0.186	0.175	0.164	0.154	0.144
4.4	0.449	0.430	0.412	0.394	0.377	0.360	0.343	0.327	0.311	0.295	0.280	0.266	0.251	0.238	0.225	0.212	0.200	0.188	0.177	0.167	0.156
4.5	0.468	0.449	0.431	0.413	0.395	0.378	0.361	0.344	0.328	0.312	0.297	0.282	0.268	0.254	0.240	0.227	0.214	0.202	0.191	0.180	0.169
4.6	0.487	0.468	0.450	0.432	0.414	0.397	0.379	0.363	0.346	0.330	0.314	0.299	0.284	0.270	0.256	0.242	0.229	0.217	0.205	0.193	0.182
4.7	0.505	0.487	0.469	0.451	0.433	0.415	0.398	0.381	0.364	0.348	0.332	0.316	0.301	0.286	0.272	0.258	0.244	0.232	0.219	0.207	0.195
4.8	0.524	0.505	0.487	0.469	0.451	0.433	0.416	0.399	0.382	0.365	0.349	0.333	0.318	0.303	0.288	0.274	0.260	0.247	0.234	0.221	0.209
4.9	0.542	0.505	0.505	0.487	0.469	0.452	0.434	0.417	0.400	0.383	0.366	0.350	0.335	0.319	0.304	0.290	0.276	0.262	0.249	0.236	0.223
5.0	0.560	0.541	0.523	0.505	0.487	0.470	0.452	0.435	0.418	0.401	0.384	0.368	0.352	0.336	0.321	0.306	0.292	0.278	0.640	0.251	0.238
5.1	0.577	0.559	0.541	0.523	0.505	0.488	0.470	0.453	0.435	0.418	0.402	0.385	0.369	0.353	0.338	0.322	0.308	0.293	0.279	0.266	0.253
5.2	0.594	0.576	0.558	0.541	0.523	0.505	0.488	0.470	0.453	0.436	0.419	0.402	0.386	0.370	0.354	0.339	0.324	0.309	0.295	0.281	0.268
5.3	0.610	0.593	0.575	0.558	0.540	0.523	0.505	0.488	0.471	0.453	0.437	0.420	0.403	0.387	0.371	0.356	0.340	0.326	0.311	0.297	0.283
5.4	0.627	0.609	0.592	0.575	0.557	0.540	0.522	0.505	0.488	0.471	0.454	0.437	0.421	0.404	0.388	0.372	0.357	0.342	0.327	0.312	0.298
5.5	0.642	0.626	0.608	0.591	0.574	0.557	0.539	0.522	0.505	0.488	0.471	0.454	0.438	0.421	0.405	0.389	0.374	0.358	0.343	0.329	0.314

t/k	n																				
	5.0	5.1	5.2	5.3	5.4	5.5	5.6	5.7	5.8	5.9	6.0	6.1	6.2	6.3	6.4	6.5	6.6	6.7	6.8	6.9	7.0
5.6	0.658	0.641	0.624	0.607	0.590	0.573	0.556	0.539	0.522	0.505	0.488	0.471	0.455	0.438	0.422	0.406	0.390	0.375	0.359	0.344	0.330
5.7	0.673	0.656	0.640	0.623	0.606	0.590	0.573	0.556	0.539	0.522	0.505	0.488	0.472	0.455	0.439	0.423	0.407	0.391	0.376	0.360	0.346
5.8	0.687	0.671	0.655	0.639	0.622	0.606	0.589	0.572	0.555	0.538	0.522	0.505	0.488	0.472	0.456	0.439	0.423	0.408	0.392	0.377	0.362
5.9	0.701	0.686	0.670	0.654	0.638	0.621	0.605	0.588	0.571	0.555	0.538	0.522	0.505	0.488	0.472	0.456	0.440	0.424	0.408	0.393	0.378
6.0	0.715	0.700	0.684	0.668	0.652	0.636	0.620	0.604	0.587	0.571	0.554	0.538	0.521	0.505	0.489	0.472	0.456	0.440	0.425	0.409	0.394
6.2	0.741	0.726	0.712	0.696	0.681	0.666	0.650	0.634	0.618	0.602	0.586	0.570	0.553	0.537	0.521	0.505	0.489	0.473	0.457	0.441	0.426
6.4	0.765	0.751	0.737	0.723	0.708	0.693	0.678	0.663	0.648	0.632	0.616	0.600	0.585	0.569	0.553	0.537	0.521	0.505	0.489	0.473	0.458
6.6	0.787	0.774	0.761	0.748	0.734	0.720	0.705	0.690	0.676	0.661	0.645	0.630	0.614	0.599	0.583	0.568	0.552	0.536	0.520	0.505	0.489
6.8	0.808	0.796	0.783	0.771	0.758	0.744	0.730	0.716	0.702	0.688	0.673	0.658	0.643	0.628	0.613	0.597	0.582	0.567	0.551	0.536	0.520
7.0	0.827	0.816	0.804	0.792	0.780	0.767	0.754	0.741	0.727	0.713	0.699	0.685	0.671	0.656	0.641	0.626	0.611	0.596	0.581	0.566	0.550
7.2	0.844	0.834	0.823	0.812	0.800	0.788	0.776	0.764	0.751	0.738	0.724	0.710	0.697	0.682	0.668	0.654	0.639	0.624	0.610	0.595	0.580
7.4	0.860	0.851	0.841	0.830	0.819	0.808	0.797	0.785	0.773	0.760	0.747	0.734	0.721	0.708	0.694	0.680	0.666	0.652	0.637	0.623	0.608
7.6	0.875	0.866	0.857	0.847	0.837	0.826	0.816	0.805	0.793	0.781	0.769	0.757	0.744	0.731	0.718	0.705	0.691	0.678	0.664	0.650	0.635
7.8	0.888	0.880	0.871	0.862	0.853	0.843	0.833	0.823	0.812	0.801	0.749	0.778	0.766	0.754	0.741	0.729	0.716	0.702	0.689	0.675	0.662
8.0	0.900	0.893	0.885	0.877	0.868	0.859	0.850	0.840	0.830	0.819	0.809	0.798	0.786	0.775	0.763	0.751	0.738	0.726	0.713	0.700	6.687
8.5	0.926	0.920	0.913	0.907	0.899	0.892	0.884	0.876	0.868	0.859	0.850	0.841	0.831	0.821	0.811	0.801	0.790	0.779	0.767	0.756	0.744
9.0	0.945	0.940	0.935	0.930	0.924	0.918	0.912	0.906	0.899	0.892	0.884	0.877	0.869	0.860	0.851	0.842	0.833	0.824	0.814	0.804	0.793
9.5	0.960	0.956	0.952	0.948	0.944	0.939	0.934	0.929	0.923	0.918	0.911	0.905	0.899	0.892	0.884	0.877	0.869	0.861	0.853	0.844	0.835
10.0	0.971	0.968	0.965	0.962	0.958	0.955	0.951	0.947	0.942	0.938	0.933	0.928	0.922	0.917	0.911	0.905	0.898	0.892	0.885	0.877	0.870
11.0	0.985	0.983	0.982	0.980	0.978	0.976	0.973	0.971	0.968	0.965	0.962	0.959	0.956	0.952	0.949	0.945	0.940	0.936	0.931	0.926	0.921
12.0	0.992	0.992	0.991	0.990	0.988	0.987	0.986	0.985	0.983	0.981	0.980	0.978	0.976	0.974	0.971	0.969	0.966	0.964	0.961	0.957	0.954
13.0	0.996	0.996	0.995	0.995	0.994	0.994	0.993	0.992	0.991	0.990	0.989	0.988	0.987	0.986	0.984	0.983	0.981	0.980	0.978	0.976	0.974
14.0	0.998	0.998	0.998	0.997	0.997	0.997	0.996	0.996	0.996	0.995	0.994	0.994	0.993	0.993	0.992	0.991	0.990	0.989	0.988	0.987	0.986
15.0	0.999	0.999	0.999	0.999	0.999	0.998	0.998	0.998	0.998	0.997	0.997	0.997	0.997	0.996	0.996	0.995	0.995	0.994	0.994	0.993	0.992
16.0	1.000	1.000	0.999	0.999	0.999	0.999	0.999	0.999	0.999	0.999	0.999	0.998	0.998	0.998	0.998	0.998	0.997	0.997	0.997	0.996	0.996
18.0	1.000	1.000	1.000	1.000	1.000	1.000	1.000	1.000	1.000	1.000	1.000	1.000	1.000	1.000	0.999	0.999	0.999	0.999	0.999	0.999	0.999
20.0	1.000	1.000	1.000	1.000	1.000	1.000	1.000	1.000	1.000	1.000	1.000	1.000	1.000	1.000	1.000	1.000	1.000	1.000	1.000	1.000	1.000

参 考 文 献

[1] 尚全民，黄先龙．以人为本因地制宜防治山洪灾害 [J]．人民长江，2007，38（6）：6-8.

[2] 赵桂香，赵彩萍，李新生，等．近47年来山西省气候变化分析 [J]．干旱区研究，2006，23（3）：500-505.

[3] 王秀兰，吴亚琪，王秀芬．气候变化对山西省旅游气候舒适度的影响分析 [J]．山西师范大学学报，2013（3）：106-113.

[4] Md. Asraful Islam，Taoufikul Islam，Minhaz Ahmed Syrus，et al. Implementation of Flash Flood Monitoring System Based on Wireless Sensor Network in Bangladesh [J]. China Flood & Drought Management，2014：1-6.

[5] Georgakakos K. P. Analytical results for operational flash flood guidance [J]. Journal of Hydrolo-ty，2006，317（1）：81-103.

[6] Gabriele Villarini，Witold F. Krajewski，Alexandros A. Ntelekos，Konstantine P. Georgakakos，James A. Smith. Towards probabilistic forecasting of flash floods：The combined effects of in radar-rainfall and flash flood guidance [J]. Journal of Hydrology，2010，394（1-2）：275-284.

[7] T. M. Carpenter，J. A. Sperfslage，K. P. Georgakakos，T. Sweeney，D. L. Fread. National threshold runoff estimation utilizing GIS in support of operational flash flood warning systems [J]. Journal of Hydrology，1999，224（1-2）：21-44.

[8] Clark，Robert A，Gourley，Jonathan J，Flamig，Zachary L，Hong，Yang，Clark，Edward. CONUS-Wide Evaluation of National Weather Service Flash Flood Guidance Products [J]. Weather and Forecasting，2014，29（2）：377-392.

[9] 刘志雨．基于GIS的分布式托普卡匹水文模型在洪水预报中的应用 [J]．水利学报，2004，35（5）：70-75.

[10] Liu Z，Martina M，Todini E. Flood forecasting using afully distributed model：application to the Upper Xixian Catchment [J]. Hydrology and Earth System Sciences（HESS），2005，9（4）：347.

[11] 姚立新．建国以来山西省水利建设投资发展研究 [D]．太原：山西大学，2004.

[12] 郝红英．山洪灾害分析评价关键技术初探 [J]．中国防洪防旱，2016，26（6）：63-67.

[13] 赖壹．汇流时间对齐法在滃江水文站洪水预报中的应用探讨 [J]．广东水利水电，2013（7）：47-50.

[14] 吴滨，文明章，李玲，等．福建省不同短历时暴雨时空分布特征 [J]．暴雨灾害，2015，34（2）：153-159.

[15] 吴承卿．基于降雨～水位关系的临界雨量确定方法研究 [J]．人民珠江，2016，37（11）：21-25.

[16] 曹升乐，孙秀玲．流域设计暴雨计算方法研究 [J]．水文，1997（4）：26-31.

[17] 师俊伟．山西省水文计算手册中推理公式的应用 [J]．山西水利科技，2013（3）：73-75.

[18] 刘川佳仔．北京小流域产流特点及暴雨洪水计算研究 [D]．北京：清华大学，2013.

[19] 吕林英．无资料地区产汇流计算方法研究 [D]．郑州：郑州大学，2015.

[20] Beatrice Vincendona，Veronique Ducrocq，Georges-Marie Saulnier，et al. Benefit of coupling the ISBA land surface model with a TOPMODEL hydrological model version dedicated to Mediterranean flash-floods [J]. Journal of Hydrology，2010，394（1-2）：256-266.

[21] He Chen，Dawen Yanga，Yang Hong，et al. Hydrological data assimilation with the Ensemble Square-Root-Filter：Use of stream flow observations to update model for real-time flash flood

forecasting [J]. Advances in Water Resources, 2013, 59 (9): 209 - 220.

[22] Wenzhong Shi, Kawai Kwan, Geoffrey Shea, et al. A dynamicdata model for mobile GIS [J]. Computers and Geosciences, 2009 35 (11): 2210 - 2221.

[23] 周金星. 山洪及泥石流灾害空间预报技术研究 [J]. 水土保持学报, 2001, 15 (2): 112 - 116.

[24] 赵然杭, 王敏, 陆小蕾. 山洪灾害雨量预警指标确定方法研究 [J]. 水电能源科学, 2011, 29 (9): 49 - 53.

[25] 李昌志, 郭良. 山洪临界雨量确定方法述评 [J]. 中国防汛抗旱, 2013 (6): 23 - 28.

[26] 陈真莲, 黄国如, 成国栋. 小流域山洪灾害临界雨量计算分析方法 [J]. 中国农村水利水电, 2014 (6): 82 - 85.